HISTOIRE DES PLANTES

MONOGRAPHIE

DES

LÉGUMINEUSES

CÆSALPINIÉES

PARIS. — IMPRIMERIE DE E. MARTINET, RUE MIGNON, 2.

HISTOIRE DES PLANTES

MONOGRAPHIE

DES

LÉGUMINEUSES

CÆSALPINIÉES

PAR

H. BAILLON

PROFESSEUR D'HISTOIRE NATURELLE MÉDICALE A LA FACULTÉ DE MÉDECINE DE PARIS
DIRECTEUR DU JARDIN BOTANIQUE DE LA FACULTÉ, PRÉSIDENT DE LA SOCIÉTÉ LINNÉENNE DE PARIS

ILLUSTRÉE DE 88 FIGURES DANS LES TEXTES

DESSINS DE FAGUET

PARIS

LIBRAIRIE DE L. HACHETTE ET Cie

BOULEVARD SAINT-GERMAIN, Nº 77

LONDRES, 18, KING WILLIAM STREET, STRAND. — LEIPZIG, 3, KÖNIGSSTRASSE

—

1869

SOUS-FAMILLE DES CÆSALPINIÉES

I. SÉRIE DES CADIA.

Les *Cadia* [1] (fig. 38-44) ont les fleurs régulières, hermaphrodites, et le plus souvent pentamères [2]. Leur réceptacle a la forme d'une coupe assez profonde (fig. 41), doublée intérieurement d'un disque glandu-

Cadia varia.

Fig. 38. Port ($\frac{1}{2}$).

leux [3] et portant le gynécée au centre, le périanthe et l'androcée sur ses bords. Le calice est formé de cinq sépales, unis dans leur portion inférieure, disposés dans le bouton en préfloraison valvaire [4]. Les pétales sont égaux entre eux, munis d'un onglet court, libres et tordus (fig. 40), ou imbriqués d'une façon variable [5] dans le bouton. Les étamines sont

---

1. FORSK., *Fl. ægypt.-arab.*, 90. — DC., *Prodr.*, II, 486. — SPACH, *Suit. à Buffon*, I, 108. — ENDL., *Gen.*, n. 6776. — B. H., *Gen.*, 560, n. 290. — *Panciatica* PICCIV., *Hort. Panciat.*, 9, icon.—*Spaendoncea* DESF., *Dec. phil.*, VII, 259.— LAMK, *Dict.*, VII, 301; *Ill.*, t. 948.
2. FORSKHAL a vu des fleurs 6-7-mères dans le *C. varia*.

3. Les bords de ce disque sont partagés en autant de petites crénelures qu'il y a d'étamines.
4. Ou très-légèrement rédupliquée.
5. Le pétale vexillaire, que MM. BENTHAM et HOOKER (*loc. cit.*) décrivent comme extérieur dans le bouton, peut être tout à fait intérieur, comme nous l'avons constaté plusieurs fois, et se trouve

insérées en dedans des pétales et en dehors d'un bourrelet crénelé, formé par le bord supérieur du disque. Cinq d'entre elles sont d'abord un peu

Cadia varia.

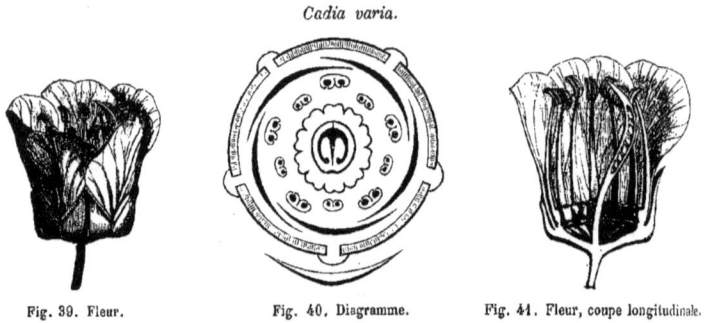

Fig. 39. Fleur.　　　Fig. 40. Diagramme.　　　Fig. 41. Fleur, coupe longitudinale.

plus longues et superposées aux sépales; les cinq autres répondent aux pétales [1]. Chacune d'elles a un filet libre, renflé et articulé à sa base, atténué à son sommet, et une an-thère biloculaire, introrse, déhiscente par deux fentes longitudinales. Le gynécée, central, libre, est celui d'une Légumineuse. Son ovaire, supporté par un pied rétréci, renferme un nombre indéfini d'ovules, disposés sur deux rangées verticales, sur un placenta superposé au pétale antérieur, anatropes, descendants ou horizontaux, avec le micropyle dirigé en haut et en dehors [2] (fig. 41). Le style est court, arqué, et son sommet, dirigé du côté du placenta, se dilate en une très-petite tête papilleuse et stig-matifère. Le fruit est une gousse, portée par un pied grêle, qu'entourent à sa base le réceptacle et le calice persis-tants (fig. 42). Elle est étroite et allongée, coriace, glabre, et renferme un nombre variable de graines (fig. 43, 44) qui, sous leurs téguments, contiennent un embryon charnu, dépourvu d'albumen, dont la radicule est in-fléchie et accombante aux cotylédons placés à droite et à gauche. Les *Cadia* sont des arbustes de la côte et des îles orientales de l'Afrique tropicale. Leurs feuilles sont alternes, compo-

Cadia varia.

Fig. 42. Fruit (⅔).

nécessairement moitié enveloppant et moitié en-veloppé quand l'estivation de la corolle est tordue.

1. Ces cinq étamines, d'abord plus courtes que les autres, sont aussi primitivement insérées plus extérieurement qu'elles.

2. Ces ovules ont deux enveloppes. Ils sont primitivement disposés sur deux rangées paral-lèles. Souvent leur direction définitive est telle que leur raphé est inférieur et tout à fait horizontal.

sées-imparipinnées, accompagnées de deux stipules latérales. Leurs fleurs sont disposées en grappes pauci- ou uniflores[1], à l'extrémité des rameaux ou dans l'aisselle de leurs feuilles supérieures. On en connaît une couple d'espèces[2].

La complète régularité de la fleur des *Cadia* nous porte à les considérer comme le type le plus parfait que nous puissions observer dans le groupe des Légumineuses autres que les Mimosées, et à les isoler, en tête de ce groupe, dans une série particulière dont toutefois le caractère artificiel ne nous échappe pas. Les autres séries que nous passerons désormais en revue se rapporteront aux Cæsalpiniées et aux Papilionacées; il n'y a entre les unes et les autres qu'une différence absolue. Que le pétale vexillaire, qui est

Cadia varia.

Fig. 43. Graine (⅔). Fig. 44. Graine, coupe longitudinale.

ici le plus souvent recouvert par un bord et recouvrant par l'autre, devienne enveloppé par ses deux bords, la plante sera une Cæsalpiniée. Qu'il devienne, au contraire, enveloppant de part et d'autre, et l'on aura affaire à une Papilionacée. Le *Cadia*, pouvant, dans la préfloraison de sa corolle, présenter l'une et l'autre de ces dispositions[3], se trouve par là placé à la fois à la tête des deux sous-familles qui vont actuellement être décrites.

II. SÉRIE DES BRÉSILLETS.

Les Brésillets[4] (fig. 45-48) ont les fleurs hermaphrodites et plus ou moins irrégulières. Leur réceptacle a la forme d'une coupe large et peu profonde, dont la concavité est tapissée d'un tissu glanduleux, un peu épaissi vers les bords. Leur calice est formé de cinq sépales, égaux ou inégaux. Dans ce dernier cas, le sépale antérieur est le plus grand de tous; sa

1. Dans le *C. varia*, les fleurs sont peu nombreuses sur un même axe ; ou bien une seule fleur se trouve au bout d'un petit rameau axillaire qui porte une ou quelques bractées au-dessous d'elle.

2. Peut-être trois (FORSK., *loc. cit.*; — LHÉRIT., in *Mag. encycl.*, V, 29 ; — A. RICH., *Tent. fl. abyss.*, I, 248, t. 46).

3. Voy. p. 73, note 5.

4. *Cæsalpinia* PLUM., *Nov. gen.*, 28, t. 9, — L., *Gen.*, n. 516. — ADANS., *Fam. des pl.*, II, 318. — J., *Gen.*, 349. — GÆRTN., *Fruct.*, II, t. 144. — LAMK, *Dict.*, I, 460 ; Suppl., I, 698; *Ill.*, t. I, 100. — H. B. K., *Nov. gen. et spec.*, VI, 326. — DC., *Prodr.*, II, 481. — SPACH, *Suit. à Buffon*, I, 100. — VOG., in *Linnæa*, XI, 406. — ENDL., *Gen.*, n. 6765. — B. H., *Gen.*, 565, n. 308.

position indique que la fleur est résupinée, et il enveloppe largement, par ses bords, les deux sépales latéraux. Ceux-ci recouvrent les deux sépales postérieurs, dont l'un est tout à fait enveloppé par les deux bords (fig. 47). La corolle est formée de cinq pétales libres, alternes

Cæsalpinia Sappan.

Fig. 45. Port ($\frac{1}{4}$).

avec les sépales, et à peu près égaux entre eux, ou inégaux, le pétale postérieur étant dans ce cas le plus petit de tous, et se trouvant recouvert par les deux pétales latéraux qu'enveloppent à leur tour les deux antérieurs. Les étamines sont au nombre de dix, superposées, cinq aux sépales et cinq aux pétales. Ces dernières sont plus petites et appartiennent à un verticille plus intérieur que les cinq autres. Chacune d'elles se compose d'un filet décliné, villeux ou glanduleux à sa base, et d'une anthère biloculaire, introrse, déhiscente par deux fentes longitudinales [1]. Le

---

1. Le pollen est sphérique dans le *C. pul-cherrima* (rapporté autrefois au genre *Poin-ciana*), avec une enveloppe externe ponctuée, trois bandes non plissées, fortement ponctuées, et se réunissant aux pôles, d'après M. H. Mohl (in *Ann. sc. nat.*, sér. 2, III, 342).

gynécée, formé d'une seule feuille carpellaire, superposée au sépale antérieur, est composé d'un ovaire sessile, atténué à son sommet en un style dont l'extrémité stigmatifère est un entonnoir à ouverture supérieure plus ou moins large et béante, à bords plus ou moins épaissis ou

Cæsalpinia Sappan.

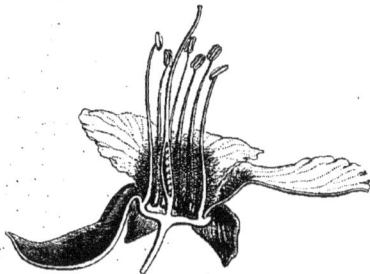

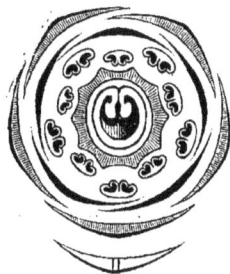

Fig. 46. Fleur (½). · Fig. 48. Fleur, coupe longitudinale.

réfléchis. Du côté du pétale postérieur, l'ovaire contient un placenta pariétal qui supporte quelques ovules descendants, disposés sur deux séries verticales, anatropes [1], avec le micropyle dirigé en haut et en dehors, c'est-à-dire vers le côté antérieur de la fleur. Dans les espèces analogues à celles que nous décrivons et qui appartiennent à la section *Sappania* [2], le fruit est une gousse, droite ou falciforme, à deux valves coriaces et glabres, qui se séparent définitivement l'une de l'autre et laissent échapper quelques graines, à funicule assez long, à enveloppes épaisses et à embryon charnu, dépourvu d'albumen. Ces Brésillets sont des arbustes, ordinairement grimpants, ou des arbres chargés d'aiguillons (fig. 45), à feuilles alternes, bipinnées, à folioles nombreuses, petites, insymétriques, à stipules latérales caduques. Leurs fleurs sont disposées en grappes axillaires ou terminales, où chaque fleur occupe l'aisselle d'une bractée. Cette section ne renferme que trois espèces, originaires des régions chaudes

Cæsalpinia Sappan.

Fig. 47. Diagramme.

---

1. Ils ont deux enveloppes dans les espèces cultivées chez nous, le *C. pulcherrima* et le *C. Gilliesii.*

2. DC., *op. cit.*, 482, sect. III (part.). — *Campecia* ADANS., *loc. cit.* — *Biancæa* TODAR., *Nov. gen.*, 21.

de l'Asie [1]. Les *Cœsalpinaria* [2], qui sont au contraire américains, leur ressemblent beaucoup. Ils sont inermes, possèdent quelquefois de larges folioles et ont une gousse oblongue ou lancéolée, oblique ou falciforme. Dans le *C. echinata* [3], cette gousse est chargée d'aiguillons. Dans les *C. insignis* [4] et *pulcherrima* [5], les filets staminaux sont longuement exserts. Cette section renferme une douzaine d'espèces inermes [6].

Les Bonducs ou Cniquiers, dont on a fait un genre particulier sous le nom de *Guilandina* [7], sont des Brésillets grimpants, chargés d'aiguillons, à gousses renflées, dont le péricarpe, mince, hérissé d'aiguillons nombreux, ne renferme qu'un petit nombre de grosses graines, grises ou jaunes, à enveloppes très-dures. Les deux espèces [8] qui forment cette section se trouvent sur le littoral de tous les pays chauds du monde.

Les *Pomaria* [9] sont des Brésillets dont le calice, le fruit et la plupart des organes de végétation, sont chargés, non pas d'aiguillons, mais de glandes plus ou moins proéminentes. Tout est d'ailleurs semblable à ce qu'on observe chez les *Cœsalpinaria*, dans les cinq ou six espèces américaines [10] qui forment cette section. L'*Erythrostemon* [11] a été placé seul dans une section voisine, parce que sa gousse est moins glanduleuse et que ses étamines ont des filets rouges, longuement exserts, comme ceux du *C. pulcherrima*. C'est une plante de l'Amérique australe et tempérée [12], qui fleurit bien dans nos jardins.

Les *Nugaria* [13] sont au contraire grimpants et chargés d'aiguillons. comme les *Guilandina;* mais on les place dans une section distincte, parce que leur gousse est inerme, et que leur graine est plus large que longue. Cette section renferme deux espèces [14] asiatiques et australiennes. Elle a ceci de commun avec toutes les précédentes, que sa gousse est toujours déhiscente, dès la maturité, par deux fentes longitudinales.

1. Roxb., *Plant. coromand.*, t. 16. —Wight, *Icon.*, t. 37, 392.

2. B. H., *Gen.*, 566, 4. — *Poinciana* K., *Mimos.*, t. 44. — Maund, *Bot.*, t. 154 (nec L.).

3. Lamk, *Dict.*, I, 434 ; *Ill.*, t. 336.

4. *Poinciana insignis* K., *loc. cit.*

5. Sw., *Obs.*, 166. — Gærtn., *Fruct.*, II, t. 150.— *Bot. Mag.*, t. 995. — *Poinciana pulcherrima* Auctt.

6. DC., *Mém. Légum.*, 14, t. 23, fig. 111; *Prodr.*, II, 484.—Reichb., *Gart. Mag.*, t. 93. — Burm., *Fl. ind.*, 133.

7. L., *Gen.*, n. 517.—J., *Gen.*, 350.—Gærtn., *Fruct.*, II, t. 148.— Lamk, *Dict.*, I, 434 (part.); *Ill.*, t. 336.— DC., *Prodr.*, II, 480. — Spach, *Suit. à Buffon*, I, 98. — *Bonduc* Plum., *Nov. gen.*, 25.

8. Rumph., *Herb. amboin.*, t. 48, 49. — Ait., *Hort. kew.*, III, 32.

9. Cav., *Icon.*, V, 1, t. 402. — Endl., *Gen.*, n. 6771. — *Cladotrichium* Vog., in *Linnæa*, XI, 401.

10. DC., *Prodr.*, II, 485.—Clos, ap. C. Gay, *Fl. chil.*, II, 223.

11. Kl., ap. Link, Kl. et Ott., *Icon.*, I, 97, t. 39.

12. *C. Gilliesii.* — *Poinciana Gilliesii* Hook., *Bot. Misc.*, I, t. 34; *Bot. Mag.*, t. 406. — Lindl. et Paxt., *Mag.*, I, t. 28.

13. DC., *Mém. Légum.*, XIII; *Prodr.*, II, 481, sect. ? 1.— *Ticanto* Adans., *loc. cit.*, 319.

14. Burm., *Fl. ind.*, 99.—Rumph., *Herb. amboin.*, V, t. 50. — Ait., *Hort. kew.*, III, 32.— Wight, *Icon.*, t. 36.— Benth.; *Fl. hongk.*, 97.

Dans tous les autres Brésillets, au contraire, la déhiscence est nulle ou incomplète, ou extrêmement tardive. Ses sutures peuvent s'épaissir ; c'est ce qui arrive dans les *Cinclidocarpus* [1], arbustes de l'Asie tropicale, dont on connaît trois ou quatre espèces, et qui sont grimpants et aiguillonnés, comme les *Nugaria*. Dans les Libidibis [2], qui comptent cinq espèces américaines [3], les sutures de la gousse sont à peine proéminentes ; les organes de végétation sont inermes, et le calice est parfois frangé et glanduleux sur ses bords. Ces glandes deviennent très-prononcées sur le sépale inférieur, frangé, des *Coulteria* [4], dont on a voulu, pour cette raison, faire un genre spécial, et qui sont des arbres inermes, habitant, l'un le Mexique, l'autre le Chili [5]. C'est encore dans ce pays qu'on trouve le *Balsamocarpon* [6], Brésillet à corolle peu irrégulière et à fruit épais, subtoruleux, dont le calice est fimbrié et chargé de poils glanduleux sur toute sa surface extérieure. Le seul *Balsamocarpon* connu [7] est un arbuste dont les feuilles sont tout à fait celles des *Pomaria*.

Il y a quelques Brésillets dont les fleurs et les fruits sont absolument semblables à ceux de toutes les espèces précédentes, mais dont les feuilles sont simplement composées–paripinnées, et non bipinnées [8]. On ne peut cependant les ranger, pour cette seule raison, dans un genre particulier ; et c'est ce qui nous oblige à ne faire également qu'une section du genre *Cæsalpinia*, des *Cenostigma* [9] qu'on a placés dans une série tout à fait différente de celle-ci, celle des Sclérolobiées. Les *Cenostigma* ont en effet le périanthe [10] et l'androcée des véritables *Cæsalpinia*, portés également sur un réceptacle en forme de large cône renversé. Leur gynécée central est formé d'un ovaire presque sessile, pauciovulé, surmonté d'un style dont le sommet est perforé d'un petit orifice à bords

1. Zoll., in *Nat. Gen. Arch.*, III, 74, 81. — Miq., *Fl. ind.-bat.*, I, p. I, 110. — Wight, *Icon.*, t. 87.

2. *Libidibia* DC., *op. cit.*, 483, sect. IV. — Cham., in *Linnæa*, V, 192.

3. K., *Minos.*, t. 45. — W., *Spec.*, II, 432. — Jacq., *Amer.*, 123, t. 175, fig. 36. — Bonpl., *Pl. æquin.*, t. 137. — Karst., *Fl. columb.*, t. 104, 129.

4. H. B. K., *op. cit.*, VI, 328, t. 568, 569. — DC., *op. cit.*, 480.— Spach, *Suit. à Buff.*, I, 99. — Endl., *Gen.*, n. 6764. — *Adenocalyx* Bert., ex DC., *loc. cit.* — *Tara* Mol., *Chil.*, ed. gall. (2), 283. — Schult., *Syst.*, n. 978.

5. DC., *Cat. hort. monsp.*, 84 ; *Prodr.*, *loc. cit.*, 481. — Turp., in *Dict. sc. nat.*, icon. — Clos, ap. C. Gay, *Fl. chil.*, II, 221.

6. Clos, *loc. cit.*, 226, t. 20.

7. *Cæsalpinia brevifolia* Benth. — *Balsamocarpon brevifolium* Clos, *loc. cit.*, 228.

8. Le fait nous a paru constant dans les nombreux échantillons observés par nous du *Cæsalpinia monosperma* Tul. (in *Arch. Mus.*, IV, 148), plante dont nous faisons le type d'une section *Paripinnaria*, mais dont les fleurs sont absolument construites comme celles des autres Brésillets à ovaire pauciovulé.

9. Tul., in *Ann. sc. nat.*, sér. 2, XX, 140, t. 3 ; in *Arch. Mus.*, IV, 151. — B. H., *Gen.*, 564, n. 302.

10. Le calice est parfois denticulé, glanduleux sur ses bords. Le sépale antérieur est ordinairement le plus concave et le plus grand de tous, comme dans la plupart des Brésillets proprement dits.

ciliés, conduisant dans une cavité plus ou moins profonde, irrégulièrement sacciforme [1]. Le fruit est une gousse bivalve, aplatie, allongée,
presque ligneuse, renfermant quelques graines [2] dépourvues d'albumen.
Mais, comme les *Cæsalpinia monosperma* et *marginata* TUL., les *Cenostigma* ont des feuilles simplement pennées. Les fleurs des deux espèces
brésiliennes [3] qui forment cette section sont réunies au sommet des
rameaux en grappes simples ou ramifiées.

Dans certains Brésillets à fruits indéhiscents, dont les bords sont
atténués en une lame étroite, le style se dilate à son extrémité en une
sorte de disque pelté. De là le nom de *Peltophorum* [4] qu'on a donné à
ce groupe. Quelques auteurs l'ont considéré comme un genre distinct;
nous n'y pouvons voir qu'une section du genre *Cæsalpinia*. Elle renferme une demi-douzaine d'espèces [5], originaires, l'une de l'Afrique
orientale, deux autres de l'archipel Indien et de l'Australie, les trois dernières de l'Amérique tropicale. Ce sont des arbres à feuilles bipinnées,
à folioles petites et nombreuses, à fleurs groupées en grappes simples
ou composées.

On a encore admis comme constituant un genre particulier, les *Hoffmanseggia* [6], qui ont la fleur et le calice glanduleux de certains *Cæsalpinia*. Leur taille est souvent peu considérable, et leur consistance
herbacée. Mais plusieurs sont suffrutescents, comme le sont certains
Pomaria. Ils ont souvent le feuillage et le port de ces derniers. Leur
fruit a un péricarpe glanduleux et mince, qui n'est pas celui des *Cæsalpinia* proprement dits, mais qui ressemble déjà beaucoup, avec un peu
moins d'épaisseur, à celui des *Erythrostemon*. Leur calice n'est pas toujours imbriqué, mais quelquefois valvaire; caractère qui ne saurait avoir
d'importance, en raison même de sa variabilité dans ce petit groupe des
Hoffmanseggia. Il nous est donc impossible de séparer génériquement
des Brésillets ces plantes, qui, au nombre de douze espèces environ [7],
habitent l'Amérique du Sud et le Mexique, et dont deux autres espèces,
à fleurs pourvues de glandes calicinales développées et noirâtres, sont
originaires du cap de Bonne-Espérance et ont été placées dans le genre

---

1. Cette extrémité stigmatique rappelle beaucoup celle de certaines Violariées; elle se retrouve dans plusieurs autres *Cæsalpinia* et dans
les *Mezoneurum*.
2. Entre lesquelles le tissu hypertrophié du
péricarpe vient faire saillie.
3. WALP., *Rep.*, V, 556.
4. VOG., in *Linnæa*, XI, 406. — B. H., *Gen.*,
565, n. 306. — *Brasiliella* DC., *loc. cit.*, 481
(part.).

5. MIQ., *Fl. ind.-bat.*, Suppl., 292. — HARV.
et SOND., *Fl. cap*, II, 270. — BENTH., *Fl. austral.*, II, 279. — WALP., *Rep.*, V, 557.
6. CAV., *Icon.*, IV, 63, t. 392, 393.— DC.,
Prodr., II, 484. — ENDL., *Gen.*, n. 6774. —
B. H., *Gen.*, 567, n. 309.
7. CLOS, ap. C. GAY, *Fl. chil.*, II, 233 (part.).
— PHILIPP., *Fl. atacam.*, 17. — WALP., *Rep.*,
I, 811; V, 559; *Ann.*, I, 257; II, 443; IV,
592.

Melanosticta [1]. Le genre Brésillet ne se compose donc pas, pour nous, de moins de quinze sections [2] qui appartiennent aux régions chaudes et tempérées du monde entier, et comptent une soixantaine d'espèces.

On a placé dans une série bien différente de celle-ci, la série des Copaï-férées, le *Zuccagnia punctata* [3], petit arbuste des Andes chiliennes, parce que son gynécée stipité se compose d'un ovaire uniovulé, surmonté d'un style filiforme, à stigmate cilié et concave, et parce que l'ovule, anatrope, suspendu, à micropyle supérieur et extérieur qu'on y observe, devient une graine ovale, sans albumen, à embryon charnu, avec une radicule droite, dans le fruit court, ovale, comprimé et bivalve, qui appartient à cette plante. Mais le reste de la fleur est absolument semblable à ce qui s'observe dans les *Cæsalpinia* des sections *Pomaria*, *Cladotrichium*, *Hoffmanseggia*, etc. : même réceptacle concave, doublé de tissu glanduleux; même calice irrégulier, imbriqué, avec un grand sépale antérieur enveloppant les autres; même corolle irrégulière, à pétale vexillaire enveloppé, et même androcée périgyne, à dix étamines dont les filets déclinés sont chargés de poils dans leur portion inférieure. D'ailleurs les feuilles alternes, pennées et à petites folioles, du *Zuccagnia*, sont glutineuses, comme presque toute la plante, et les fleurs sont réunies en grappes, analogues à celles des *Hoffmanseggia*. Pour ces différentes raisons, nous considérons le *Zuccagnia* comme un Brésillet à ovaire uniovulé et à feuilles simplement pennées, avec un fruit monosperme; ces deux derniers caractères le rapprochent beaucoup des sections *Pomaria* et *Paripinnaria* du genre *Cæsalpinia*.

Les *Parkinsonia* [4] ont tout à fait la fleur des *Cæsalpinia* : même périanthe, mêmes organes sexuels, et même réceptacle en forme de coupe. Le style n'est point dilaté à son extrémité, mais tronqué plus ou moins obliquement, et le fruit est bien différent. C'est une gousse allon-

---

1. DC., *Mém. Légum.*, 474, t. 69; *Prodr.*, II, 485. — ENDL., *Gen.*, n. 6772. — HARV., *Thes. cap.*, t. 2. — HARV. et SOND., *Fl. cap.*, II, 270. — A. GRAY, *Pl. Wright.*, I, 54.

2.

Cæsalpinia sect. 15.
    a. folia 2-pinnata.
1. *Sappania*.
2. *Cæsalpinaria*.
3. *Libidibia*.
4. *Guilandina*.
5. *Nugaria*.
6. *Peltophorum*.
7. *Cinclidocarpus*.
8. *Coulteria*.
9. *Balsamocarpon*.
10. *Erythrostemon*

sect. 15.
11. *Pomaria*.
12. *Hoffmanseggia*.
13. *Melanosticta*.
    b. folia pinnata.
14. *Paripinnaria*.
15. *Cenostigma*.

3. CAV., *Icon. plant.*, V, 2, t. 403. — DC., *Prodr.*, II, 486. — ENDL., *Gen.*, n. 6773. — C. GAY, *Fl. chil.*, II, 229 (part.). — B. H., *Gen.*, 587, n. 368.

4. PLUM., *Nov. gen. amer.*, 25. — L., *Gen.*, n. 513. — J., *Gen.*, 347. — LAMK, *Dict.*, V, 21; *Suppl.*, IV, 302; *Ill.*, t. 336. — DC., *Mém. Légum.*, t. 21, fig. 112; *Prodr.*, II, 486. — SPACH, *Suit. à Buffon*, I, 107. — ENDL., *Gen.*, n. 6775. — B. H., *Gen.*, 570, n. 321.

gée, arrondie, toruleuse, s'ouvrant plus ou moins nettement en deux valves, et contenant, au niveau de chacun des renflements du péricarpe assez mince, une graine descendante, dont les enveloppes recouvrent un albumen assez abondant et un embryon légèrement charnu, à radicule supère. Les *Parkinsonia* sont des arbres de l'Amérique tropicale et de l'Afrique méridionale. Leurs feuilles sont bipinnées et de forme très-singulière; elles ont un rachis principal très-court, et, sur ses côtés, deux rachis secondaires portant un grand nombre de folioles. Les stipules sont peu développées ou spinescentes. Les fleurs sont disposées en grappes axillaires. On connaît trois espèces de ce genre [1].

Comme les *Parkinsonia*, les *Cercidium* [2] ont tout à fait la fleur des Brésillets, à une petite différence près; leurs sépales sont valvaires, ou à peu près valvaires [3], au lieu d'être nettement imbriqués, et le sépale antérieur n'est pas plus large que les autres, qu'il recouvrait dans les genres précédents. Le fruit est une gousse bivalve, comprimée, membraneuse et coriace. Les graines sont pourvues d'un albumen. Quant au port, il est totalement différent; car les trois ou quatre espèces américaines de ce genre sont des arbres ou des arbustes, à rameaux noueux ou tordus, à ramuscules axillaires transformés en épines et à feuilles composées-bipinnées, à pinnules et à folioles petites et peu nombreuses. Les fleurs sont réunies en grappes courtes et lâches, souvent groupées, en petit nombre, au niveau des coussinets saillants dont les feuilles ont disparu. Les trois ou quatre espèces admises [4] dans ce genre appartiennent aux régions chaudes et tempérées de l'Amérique.

Les *Mezoneurum* [5] ont le même périanthe et le même androcée que les Brésillets; mais leurs fleurs sont beaucoup plus irrégulières [6]; irrégularité qui tient à la déformation du réceptacle [7]. Celui-ci prend, en effet, plus d'accroissement d'un côté que de l'autre; de façon que son bord supérieur devient fort oblique, et que son ouverture s'atténue comme en

---

1. Jacq., *Amer.*, t. 80. — H. B. K., *Nov. gen. et spec.*, VI, 335. — Harv. et Sond., *Fl. cap.*, II, 269.—Walp., *Ann.*, II, 441; IV, 594.
2. Tul., in *Arch. Mus.*, IV, 133. — B. H., *Gen.*, 570, 1002, n. 320. — *Retinophleum* Karst., *Fl. columb.*, II, 25, t. 113.— *Hoopesia* Buckl., in *Proceed. Ac. nat. sc. Philad.* (part.), ex A. Gray, *ibid.* (1862), 163.
3. Leurs bords sont taillés de telle façon qu'ils se touchent par une surface oblique; ou bien la lame intérieure du sépale fait seule saillie au delà du bord, là où celui-ci doit être recouvert dans la préfloraison.
4. Walp., *Rep.*, V, 552; *Ann.*, IV, 594 (plus

le *Cæsalpinia? cassioides* W., *Enum.*, 444).
5. Desf., in *Mém. Mus.*, IV, 245, t. 10, 11. — DC., *Prodr.*, II, 484. — Endl., *Gen.*, n. 6768 (*Mezoneuron*). — B. H., *Gen.*, 565, n. 307.
6. Le pétale vexillaire peut, non-seulement être différent, comme forme et comme taille, des autres pétales, mais encore porter à la base interne de son limbe un appendice analogue à celui qu'on observe dans certaines Sapindacées et Erythroxylées.
7. Dans la section *Tubicalyx* (Miq., *Fl. ind. bat.*, I, p. 1, 1081), cette portion de la fleur forme un tube allongé.

bec du côté du pétale postérieur et du placenta. L'ovaire, analogue à celui des *Cæsalpinia*, contient depuis deux jusqu'à un nombre indéfini d'ovules. Le fruit est aplati, membraneux et coriace, indéhiscent ou à peu près, et son bord placentaire se dilate dans toute sa hauteur en une aile dorsale, aplatie vers son bord libre. Les graines varient en nombre et sont construites comme celles des Brésillets. Les *Mezoneurum* sont des arbres ou des arbustes grimpants, qui habitent l'Asie et l'Afrique tropicales et l'Australie[1]. Leurs feuilles sont bipinnées, et leurs fleurs sont disposées en grappes axillaires ou terminales.

Hæmatoxylon campechianum.

Fig. 49. Port (¼).

La fleur est au contraire beaucoup plus régulière dans les *Hæmatoxylon*[2] (fig. 49-51), quant au réceptacle, à la corolle et à l'androcée. Le calice seul a conservé un pétale antérieur plus grand que les autres

1. BENTH., *Fl. austral.*, II, 278. — H. BN, in *Adansonia*, VI, 196. — WALP., *Rep.*, I, 811; *Ann.*, IV, 590.

2. L., *Gen.*, n. 525. — J., *Gen.*, 348. —

LAMK, *Dict.*, I, 591; Suppl., I, 654; *Ill.*, t. 340. —DC., *Prodr.*, II, 485.— SPACH, *Suit. à Buffon*, I, 106. — ENDL., *Gen.*, n. 6777. — B. H., *Gen.*, 567, n. 310.

qu'il enveloppe, et tous se réfléchissent lors de l'anthèse. Les pétales
sont presque pareils les uns aux autres, et leur préfloraison est la même
que dans des Brésillets. Quant au gynécée, il s'insère au fond du réceptacle doublé de tissu glanduleux ; il se compose d'un ovaire, supporté
par un pied court, et surmonté d'un style dont le sommet dilaté est
creux, à ouverture bordée de papilles stigmatiques. L'ovaire ne renferme
que deux ovules, rarement plus. Le fruit est une gousse membraneuse,
semblable extérieurement à celle des *Mezoneurum ;* toutefois elle s'ouvre

Hœmatoxylon campechianum.

Fig. 50. Fleur $(\frac{4}{1})$.   Fig. 51. Fleur, coupe longitudinale.

d'une façon tout à fait particulière, non point suivant ses bords, mais
suivant la ligne qui répondrait à la jonction de l'aile des *Mezoneurum*
avec la cavité de la gousse. Celle-ci est oligo- ou monosperme, et
la graine, aplatie, fort étirée en travers, est attachée par le milieu
de son bord interne. Sous ses téguments, elle renferme un embryon dont
l'axe longitudinal est transversal et qui présente une radicule cylindrique, un peu arquée, une gemmule à folioles imbriquées, et deux
cotylédons singuliers, très-peu élevés, très-larges et partagés chacun en
deux grands lobes qui s'appliquent l'un sur l'autre et se réfléchissent
sur les côtés de la radicule. On ne connaît qu'une espèce de ce genre,
le bois de Campêche, ou *Hœmatoxylon campechianum*[1], arbre de l'Amérique équinoxiale, introduit dans tous les pays chauds. Ses rameaux sont
glabres, et ses feuilles alternes sont composées-pennées ou bipinnées,
avec des stipules membraneuses et caduques, ou persistantes et trans-
formées en épines. Les fleurs sont disposées en grappes axillaires, et
articulées sur le pédoncule commun.

1. L., *Spec.*, 549. — SLOAN., *Hist.*, 2,   HAYN., *Arzneig.*, IX, t. 44. — H. B. K., *Nov.*
t. 10, fig. 1-4. — BLACKW., *Herb.*, t. 463. —   *gen. et spec.*, VI, 325.

Les *Poinciana* [1] ont des fleurs épanouies assez semblables à celles de certains *Cæsalpinia*, et presque régulières, comme celles des *Hæmato-xylon*, avec dix longues étamines exsertes et cinq pétales à peu près égaux, ou, plus rarement, un pétale vexillaire, recouvert dans la préflo-raison, différent des quatre autres. Mais leur calice est formé de cinq sépales égaux, ou à peu près, insérés sur le bord supérieur d'un récep-tacle assez profond, lesquels sont épais sur les bords et exactement val-vaires. Le gynécée, à insertion centrale ou à peine excentrique [2], devient une gousse bivalve, polysperme, à tissu épaissi dans l'intervalle des graines [3]. On connaît trois espèces de ce genre [4]; ce sont des arbres inermes, qui se trouvent dans l'Inde, à Madagascar et sur la côte orien-tale de l'Afrique tropicale. Leurs feuilles sont bipinnées, et leurs larges fleurs sont réunies en grappes terminales.

On retrouve dans les *Colvillea* [5] les caractères généraux de végétation et les grappes de fleurs éclatantes des *Poinciana;* mais le calice y pré-sente une particularité remarquable : il est coriace, épais, en forme de sac, partagé supérieurement en quatre dents valvaires, dont une, pos-térieure, représentant à elle seule deux sépales, est pour cette raison plus large que les autres. L'ensemble du calice se détache circulairement par la base. La corolle est semblable à celle des Brésillets ; sinon que le pétale vexillaire, étroitement recouvert dans le bouton, est beaucoup plus grand que les autres. L'androcée est formé de dix étamines libres, périgynes. Le gynécée a une insertion à peine excentrique ; son ovaire est pluriovulé, surmonté d'un style d'abord replié sur lui-même, terminé par une surface stigmatifère obtuse, non dilatée. La gousse est allongée, turgide, bivalve. La seule espèce connue de ce genre, le *C. racemosa* Boj., est un arbre inerme de Madagascar. Ses feuilles son bipinnées, à folioles petites et nombreuses, avec de petites stipules caduques. Ses fleurs coccinées sont disposées en une large grappe ramifiée, multiflore, chargée de bractées membraneuses, colorées et caduques.

Les *Acrocarpus* [6] ont la fleur presque régulière de certains *Poinciana*,

---

1. L., *Gen.*, n. 515 (part.). — DC., *Prodr.*, II, 483 (part.). — ENDL., *Gen.*, n. 6766 (part.). — B. H., *Gen.*, 569, n. 317 (nec T., *Inst.*, 619, t. 391; — GÆRTN., *Fruct.*, II, 150, t. 150; — K., *Mimos.*, t. 44).

2. Le pied de l'ovaire est trapu, ordinaire-ment comprimé, et sa surface d'insertion est oblique. Le style est involuté dans le bouton, de même que les étamines.

3. Celles-ci sont supportées par un funicule assez développé. Leur albumen est abondant,

très-dur ; l'embryon est souvent coloré en jaune verdâtre.

4. DC., *loc. cit.*, n. 3. — HOOK., in *Bot. Mag.*, t. 2884.

5. Boj., in *Bot. Mag.*, t. 3325, 3326 ; in *Ann. sc. nat.*, sér. 2, IV, 294.—ENDL., *Gen.*, n. 6767. — B. H., *Gen.*, 569, n. 316. — WALP., *Rep.*, V, 558.

6. WIGHT ex ARN., in *Jard. Mag. Zool. et Bot.*, II, 547. — ENDL., *Gen.*, n. 6810 [2]. — B. H., *Gen.*, 568, n. 314.

avec des pétales étroits et un gynécée central; mais leur androcée n'est composé que de cinq longues étamines exsertes et alternipétales. L'*A. fraxinifolius* [1] était la seule espèce connue du genre. C'est un arbre énorme, des montagnes de l'Inde orientale. Ses feuilles sont bipinnées; ses fleurs, disposées en grappes larges axillaires, réfléchies, s'épanouissent avant l'apparition des fleurs. Une seconde espèce, l'*A. grandis.* [2], vient d'être observée dans l'archipel Indien.

Les *Wagatea* [3] étaient autrefois confondus dans le grand genre *Cæsalpinia*. Leur symétrie florale est la même : leur calice et leurs pétales oblongs sont également imbriqués; mais leur réceptacle présente une configuration différente; il est beaucoup plus profond, campanulé, doublé de tissu glanduleux, et un peu rétréci vers son ouverture, qui porte dix étamines courtes. De plus, les fleurs sont sessiles sur de longs épis, simples ou rameux, dont le rachis est épais et creusé de fossettes répondant à l'insertion des fleurs. Une ou deux espèces intéressantes constituent ce genre. Les *Wagatea* sont des arbres grimpants, hérissés d'aiguillons et à feuilles bipinnées. Ils sont originaires de l'Inde et des pays voisins [4].

Les *Pterolobium* [5] ont des fleurs presque régulières. Leur réceptacle a la forme d'une cupule peu profonde, tapissée d'un disque glanduleux et portant sur ses bords cinq sépales imbriqués, cinq pétales imbriqués, comme ceux des Brésillets, et dix étamines libres, superposées, cinq aux sépales et cinq aux pétales, pourvues chacune d'une anthère biloculaire, introrse et déhiscente par deux fentes longitudinales. L'ovaire, inséré vers le centre du réceptacle, contient un ou deux ovules descendants, à micropyle supérieur et extérieur, et il est surmonté d'un style à extrémité stigmatifère tronquée ou creusée en entonnoir. Le fruit est une samare indéhiscente, dont la partie supérieure se prolonge en une aile à insertion oblique, analogue à celle d'un fruit d'Érable. C'est du côté de l'insertion de cette aile que s'attache la graine, suspendue par un funicule grêle, et contenant sous ses téguments un embryon charnu, à radicule supère, rectiligne, sans albumen. Les *Pterolobium* sont des arbres ou des arbustes grimpants. Leurs feuilles sont bipinnés, à folioles petites et nombreuses; leurs fleurs sont réunies en grappes simples

1. WIGHT, *loc. cit.*; *Icon.*, t. 254.— WALP., *Rep.*, V, 573.

2. MIQ., in *Mus. lugd.-bat.*, III, 87.

3. DALZ., in *Hook. Journ.*, III, 90.— B. H., *Gen.*, 568, n. 315.

4. WIGHT, *Icon.*, t. 1995. — WALP., *Ann.*, IV, 588.

5. R. BR., in *App. Salt. Abyss.*, 64. — W. et ARN., *Prodr.*, I, 283. — ENDL., *Gen.*, n. 6769. — B. H., *Gen.*, 567, n. 311. — *Kantuffa* BRUCE, *Voy.*, trad. CASTER., V, 64, t. 14. — *Reichardia* ROTH, *Nov. gen. et spec.*, 210 (part.). — *Quartinia* A. RICH., in *Ann. sc. nat.*, sér. 2, XIV, 259; XV, 179.

ou ramifiées, insérées chacune dans l'aisselle d'une bractée caduque. Les trois espèces connues [1] de ce genre habitent l'Asie, l'Afrique et l'Australie tropicales.

Le *Barklya* [2] a des fleurs à peu près semblables à celles des *Ptero-lobium*. Leur réceptacle est le même, en forme de cupule peu profonde, doublée d'un disque glanduleux. Le calice est gamosépale, à cinq divisions peu profondes, légèrement imbriquées. La corolle est formée de cinq pétales onguiculés, peu inégaux, et le pétale vexillaire est ordinairement recouvert par ses deux bords dans la préfloraison [3]. Les étamines sont libres, périgynes, disposées sur deux verticilles, comme celles des *Ptero-lobium;* chacune d'elles a un filet glabre et une anthère introrse, bilo-culaire, sagittée, déhiscente par deux fentes longitudinales. Le gynécée est stipité, avec un ovaire terminé en une petite pointe stigmatifère à son sommet. Les ovules sont en petit nombre [4], descendants, avec le micropyle supérieur et extérieur. Le fruit est une gousse stipitée, oblongue-lancéolée, aplatie, à peine déhiscente, contenant une ou deux graines comprimées, dont l'embryon charnu est entouré d'une couche mince d'albumen. Le *B. syringæfolia* F. MUELL., seule espèce de ce genre, est un arbre inerme, originaire de l'Australie tropicale, dont les feuilles sont réduites à une grande foliole, et sont accompagnées de deux petites stipules latérales. L'inflorescence est la même que celle des *Pterolobium*.

Ce n'est pas sans hésitation qu'on a placé dans ce groupe les deux genres à fleurs polygames, *Gleditschia* et *Gymnocladus*, qui sont très-voisins l'un de l'autre, et dont les pétales, en nombre inconstant, de même couleur et de même consistance à peu près que les sépales, sont ordinairement fort incomplétement recouverts par eux dans le bouton.

Les *Gymnocladus* [5] ont le périanthe à peu près régulier. Il s'insère sur l'ouverture supérieure d'un réceptacle en tube allongé, doublé de tissu glanduleux. Les sépales sont au nombre de cinq, valvaires ou légèrement

1. WIGHT, *Icon.*, t. 196. — MIQ., *Fl. ind.-bat.*, I, 106. — BENTH., *Fl. austr.*, II, 279. — WALP., *Rep.*, I, 811; *Ann.*, II, 443; IV, 592.
2. F. MUELL., in *Journ. Linn. Soc.*, III, 158; *Fragm. phyt. Austr.*, I, t. 3. — BENTH., *Fl. austr.*, II, 275. — B. H., *Gen.*, 559, n. 289.
3. Peut-être ce mode de préfloraison n'est-il pas constant, et c'est pour cela sans doute que MM. BENTHAM et HOOKER ont placé le *Barklya* parmi les Papilionacées-Sophorées. Mais nous ne le laissons pas à cette place, attendu qu'en ana-lysant un très-grand nombre de ses boutons, nous n'avons jamais vu le pétale auquel est superposé le placenta, enveloppant par ses deux bords les pétales latéraux, comme il arrive nor-malement dans les Papilionacées.
4. Ordinairement deux ou trois, plus rare-ment un seul.
5. LAMK, *Dict.*, I, 733 (part.); *Ill.*, t. 823. — J., *Gen.*, 346 (part.). — DC., *Prodr.*, II, 479. — SPACH, *Suit. à Buffon*, I, 89. — ENDL., *Gen.*, n. 6757. — B. H., *Gen.*, 568, n. 312.

imbriqués dans le bouton. Les pétales sont au nombre de quatre ou cinq et imbriqués. Les étamines sont au nombre de dix, insérées sur le bord du réceptacle ; et cinq d'entre elles, plus grandes que les autres, sont superposées aux sépales. Leurs anthères sont stériles dans les fleurs femelles, tandis qu'elles sont bien développées, biloculaires, introrses, déhiscentes par deux fentes longitudinales, dans les fleurs mâles ou her-maphrodites. Le gynécée, réduit dans les fleurs mâles à un petit corps conique, stérile, est inséré au fond du tube réceptaculaire ; il se compose d'un ovaire sessile, atténué en haut en un style dont l'angle interne est par-couru par un sillon vertical. En haut, les lèvres élargies de ce sillon se réfléchissent en s'écartant l'une de l'autre et se recouvrent de

Gymnocladus dioica.

Fig. 52. Graine (²⁄₁).	Fig. 53. Graine, coupe longitudinale.

papilles stigmatiques. Le placenta, superposé au pétale postérieur, porte plusieurs ovules incomplètement campolytropes, à micropyle supérieur. Le fruit est une gousse dont le péricarpe, aplati et dur, finit par s'ouvrir en deux valves. Il est garni intérieurement d'une pulpe charnue [1], en-tourant des graines obovées, supportées par un funicule assez long. Celles-ci renferment sous leurs téguments épais un embryon charnu qu'enveloppe un albumen corné (fig. 52, 53) [2].

La seule espèce connue de ce genre est le *G. dioica* [3], ou Chicot du Canada, grand arbre inerme, à feuilles alternes et décomposées-pinnées. Leur rachis commun porte souvent, d'abord deux folioles pétiolulées, puis, au-dessus, des nervures secondaires chargées également de folioles sup-portées par des pédicelles d'ordre tertiaire. Sur la nervure principale, comme sur les secondaires, la disposition est paripinnée, parce que l'extrémité de ces nervures avorte et se trouve réduite à un mince filet, stérile et de bonne heure desséché. Les nervures secondaires et tertiaires, articulées à leur base, sont munies en ce point d'une languette stipellaire, et la feuille est elle-même accompagnée à sa base de stipules latérales, pectiniformes et peu développées [4]. Les fleurs sont disposées en grappes terminales, simples ou ramifiées.

1. Elle forme une couche peu épaisse, dou-ceâtre, d'un jaune verdâtre, à l'intérieur de la couche sèche et brune du péricarpe.
2. Un funicule assez long, arqué, supporte la graine. Les cotylédons se replient souvent un peu sur eux-mêmes. Leur base forme une gaine autour de la radicule. Le tégument séminal est triple. En dehors se voit une membrane mince, un peu molle, lisse. La seconde enveloppe est épaisse, cornée ; on aperçoit le raphé à sa surface. L'albumen devient souvent d'une couleur d'encre claire ; il est inégal et envoie des saillies obtuses dans les anfractuosités de l'embryon.
3. *G. canadensis* LAMK, *loc. cit.*; Suppl., II, 229. — MICHX, *Fl. bor.-amer.*, II, 241, t. 51. — A. GRAY, *Man.*, 109. — *Guilandina dioica* L., *Spec.*, 546.
4. A l'aisselle de chacune des feuilles il y a

Les Féviers (*Gleditschia* [1]) ont un réceptacle turbiné ou campanulé, de trois à cinq sépales, autant de pétales imbriqués et un nombre variable d'étamines, disposées sur deux verticilles pentamères ou incomplets. L'ovaire renferme deux ou un nombre indéfini d'ovules, et le style qui le surmonte se termine par une tête inégalement renflée, simple ou bifide, parfois réfléchie, chargée de grosses papilles stigmatiques. Le fruit est une grande gousse, indéhiscente, ou incomplétement et irrégulièrement déhiscente, rectiligne, aplatie, atténuée à ses deux extrémités. Son péricarpe est extérieurement formé d'une couche épaisse, sèche et coriace. A l'intérieur, il renferme un assez grand nombre de logettes monospermes, tapissées par une membrane, mince et sèche également. Mais, dans l'intervalle de cette paroi mince et de l'enveloppe dure extérieure, il y a une couche épaisse d'une sorte de pulpe celluleuse qui isole complétement les logettes les unes des autres [2]. Les graines, ovoïdes, sont attachées par un funicule grêle et filiforme, plus ou moins long et plus ou moins replié sur lui-même. Sous leurs téguments coriaces se trouve

Gleditschia ferox.

Fig. 54. Fruit (¼).

Fig. 55. Fruit, coupe longitudinale.

un albumen épais, transparent, de consistance cornée, au centre duquel est un embryon, à larges cotylédons ovales et aplatis, et à radicule conique. Les cinq ou six espèces de ce genre sont des arbres de l'Amérique du Nord [3], de l'Asie et de l'Afrique [4] tempérées. Leurs rameaux et leurs axes d'inflorescences sont souvent transformés en épines puissantes, simples

---

deux bourgeons superposés. L'inférieur, qui est plus jeune, est caché par la base élargie du pétiole, mais non complétement enveloppé par elle.

1. L., *Gen.*, n. 1159 (*Gleditsia*). — ADANS., *Fam. des pl.*, II, 319. — J., *Gen.*, 346. — GÆRTN., *Fruct.*, II, 311, t 146. — POIR., *Dict.*, 641, Suppl., II, 641 ; *Ill.*, t. 857. — DC., *Mém.*

Légum., I, t. 22 ; *Prodr.*, II, 479. — SPACH, *Suit. à Buffon*, I, 90. — ENDL., *Gen.*, n. 6756. — B. H., *Gen.*, 568, 1002, n. 313.

2. Elle représente le mésocarpe ; ce fruit est donc une gousse drupacée.

3. DUHAM., *Arbr.*, II, t. 10 ; III, t. 10. — WALP., *Rep.*, I, 856.

4. BENTH., in *Trans. Linn. Soc.*, XXV, 304.

ou ramifiées [1]. Leurs feuilles sont bipinnées ou simplement pennées sur un même arbre [2]. Leurs fleurs sont disposées, à l'aisselle des feuilles ou sur le bois des branches, en grappes simples ou ramifiées.

III. SÉRIE DES SCLEROLOBIUM.

Les *Sclerolobium* [3] (fig. 56-59) ont les fleurs régulières et hermaphrodites. Leur réceptacle a la forme d'une coupe hémisphérique ou obconique, plus ou moins profonde et tapissée en dedans d'un tissu glanduleux, parfois chargé de poils. Sur ses bords, coupés horizontalement (fig. 57), ou obliquement (fig. 59), s'insèrent le périanthe et l'androcée, tandis que

Sclerolobium (Cosymbe) aureum.

Fig. 56. Fleur (⁴⁄₁).　　　　　Fig. 57. Fleur, coupe longitudinale.

le gynécée est attaché tout au fond. Le calice est formé de cinq sépales inégaux, disposés dans le bouton en préfloraison quinconciale. La corolle est formée de cinq pétales alternes, imbriqués, tous égaux entre eux ou à peu près, ou inégaux, le pétale vexillaire pouvant devenir très-petit ou même disparaître tout à fait. Dans certaines espèces du genre, les pétales sont réduits à des languettes grêles, égales ou inégales, subulées, de même forme à peu près que les filets des étamines [4]. Celles-ci sont au

---

1. Nous avons cité un exemple de cette transformation en épine rameuse des axes d'inflorescence du *G. ferox* (voy. *Bull. Soc. bot. de Fr.*, V, 316).

2. MACAIRE, *Sur la soudure natur. des feuilles du* Gleditzia triacanthos (in *Bibl. de Gen.*, XVII, 142). On a souvent cité les *Gleditschia* comme possédant, à l'aisselle de chacune de leurs feuilles, plusieurs bourgeons superposés, les uns à fleurs, les autres à feuilles. Dans le *G. triacanthos*, on observe souvent, dans la même

aisselle : une inflorescence ; au-dessous d'elle un jeune rameau ; plus bas encore un bourgeon à feuilles plus jeune.

3. VOG., in *Linnæa*, XI, 395. — ENDL., *Gen.*, n. 6755. — B. H., *Gen.*, 562, n, 296.

4. C'est là le caractère des véritables *Sclerolobium*, tels que VOGEL les a d'abord connus. Les pétales, membraneux et étalés, analogues à ceux des *Leptolobium* et des *Tachigalia*, caractérisent une section particulière, appelée *Cosymbe* par M. TULASNE (in *Arch. Mus.*, IV, 168), qui la rap-

nombre de dix, superposées, cinq aux sépales, et cinq, plus courtes, aux
pétales. Chacune d'elles se compose d'un filet libre, parfois chargé de
poils, plus ou moins replié sur lui-même dans le bouton, près de son
sommet, qui supporte une anthère biloculaire, introrse, déhiscente par
deux fentes longitudinales. Le gynécée est formé d'un ovaire [1], à pied
court, surmonté d'un style terminal, à extrémité stigmatifère atténuée,
tronquée ou légèrement dilatée. Dans l'angle de l'ovaire, qui est tourné
du côté du pétale vexillaire, se trouvent plusieurs ovules descendants, à
micropyle supérieur et extérieur. Le fruit est une gousse à pied court,

Sclerolobium (Cosymbe) Pœppigianum.

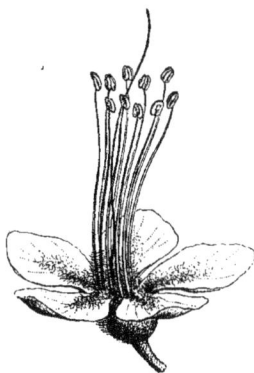

Fig. 58. Fleur (⁴⁄₁).   Fig. 59. Fleur, coupe longitudinale.

comprimée, indéhiscente, renfermant une ou deux larges graines, dont
l'embryon possède une courte radicule droite et de larges cotylédons
foliacés, cordés à la base. Les *Sclerolobium* sont des arbres du Brésil et de
la Guyane ; il y en a une dizaine d'espèces [2]. Leurs feuilles sont alternes,
imparipinnées, accompagnées de stipules très-variables de taille, simples
ou composées-trifoliolées. Leurs fleurs sont petites et très-nombreuses,
disposées en grappes nombreuses, ordinairement fort rameuses. Chaque
fleur occupe l'aisselle d'une bractée caduque.

portait à tort au genre *Tachigalia ;* car on n'y
rencontre pas le réceptacle à ouverture elliptique
et l'insertion latérale du gynécée qui s'obser-
vent dans ce dernier genre. Le *Chrysostachys ?
glabra* Pœpp. (*exs.*, n. 2837) et le *Leptolobium ?
luteum* Mart. (*Herb. fl. bras.*, n. 1148) appartiennent à cette section.

1. Souvent chargé de poils, analogues à ceux
du disque et de la portion inférieure des filets
staminaux. La direction du pied de l'ovaire continue celle du pédicelle floral.
2. Pœpp. et Endl., *Nov. gen. et spec.*, t. 266.
— Tul., *loc. cit.*, 168, 169. — Walp., *Rep*,
I, 809 ; V, 551 ; *Ann.*, II, 440.

Les *Diptychandra*[1] ont les mêmes fleurs que les *Sclerolobium* de la section *Cosymbe*. Leurs sépales imbriqués sont presque égaux entre eux et insérés sur les bords d'un réceptacle en forme de cône creux. Leurs étamines ont aussi des filets repliés sur eux-mêmes dans le bouton ; et leur ovaire, stipité, pauciovulé, est surmonté d'un style dont l'extrémité tronquée est creuse. Le fruit est une gousse aplatie, bivalve, contenant une ou quelques graines, aplaties bilatéralement, comme celles des *Hæmatoxylon*, attachées comme elles par l'un de leurs bords au péricarpe, et entourées d'une aile membraneuse, formée tout autour de ces bords par un prolongement des téguments. L'embryon, aplati et large, à cotylédons plus ou moins auriculés, n'est pas accompagné d'un albumen. On connaît deux ou trois espèces de *Diptychandra*, au Brésil et en Bolivie[2] ; ce sont des arbustes ou des arbres à feuilles composées-pennées, à fleurs en grappes terminales et axillaires.

Les *Pœppigia*[3] ont les caractères de végétation des *Diptychandra* et des *Sclerolobium*, avec des fleurs en grappes composées terminales ; leur réceptacle floral, leur gynécée à insertion centrale[4], leur corolle et leur disque sont les mêmes ; mais leur calice, partagé supérieurement en cinq lobes légèrement imbriqués, est continu, gamosépale dans sa portion inférieure. Les filets staminaux sont dressés, rectilignes, et non repliés sur eux-mêmes dans le bouton. Les ovules sont nombreux, et le style est terminé par une extrémité stigmatique tronquée, non renflée. Le fruit est également caractéristique : c'est une gousse, à pied grêle, allongée, aplatie, membraneuse, probablement indéhiscente, foliiforme et polysperme. Son bord placentaire est dans toute sa longueur dilaté en une aile membraneuse très-étroite. Les *Pœppigia* sont des arbres inermes de l'Amérique tropicale[5].

Le *Batesia*[6] a aussi à peu près les fleurs d'un *Sclerolobium* : cinq sépales libres, imbriqués, cinq pétales à peu près égaux, imbriqués, et dix étamines à filets infléchis dans le bouton ; de façon que les anthères sont alors logées dans la concavité du réceptacle, entre la paroi tapissée d'un disque et le pied de l'ovaire. Les loges de l'anthère sont linéaires,

---

1. Tul., in *Ann. sc. nat.*, sér. 2, XX, 139 ; in *Arch. Mus.*, IV, 127, t. 8. — B. H., *Gen.*, 562, n. 297.

2. Walp., *Rep.*, V, 551.

3. Presl, *Symb. bot.*, I, 15, t. 8. — Endl., *Gen.*, n. 6762. — B. H., *Gen.*, 562, n. 298 (nec Bert., nec Kunz.). — *Ramirezia* A. Rich., *Fl. cub.*, II, 218 (*Pœppigia*), t. 39.

4. Le pied qui supporte l'ovaire se dilate in-

sensiblement vers sa base ; mais nous l'avons vu, contrairement à ce que disent les auteurs, inséré tout à fait au fond du réceptacle.

5. Tul., in *Arch. Mus.*, IV, 120. — Walp., *Rep.*, V, 552. Les trois espèces décrites dans ce genre seraient, d'après M. Bentham, de simples variétés d'une seule espèce, le *R. procera* Presl (*Ramirezia cubensis* A. Rich.).

6. Spruce, ex B. H., *Gen.*, 563, n. 300.

appliquées sur un connectif épais, et le gynécée a une forme toute particulière. Son pied, central, se dilate obliquement à sa partie supérieure,
en une sorte de plateau incliné, elliptique, bordé de duvet, qui supporte
un ovaire pauciovulé dont le sommet s'atténue à peine en un style
aussitôt tronqué et à extrémité stigmatique ciliée. La gousse est arquée,
coriace, turgide, déhiscente par une seule fente, et contient deux ou
trois graines comprimées, à embryon entouré d'un albumen. Le seul
Batesia connu [1] est un arbre du Brésil boréal, à feuilles imparipinnées
et à grappes terminales ramifiées.

Vouacapoua americana.

Fig. 60. Port ($\frac{1}{7}$).

Tout à côté des *Batesia*, nous avons placé un type réduit qu'Aublet
a nommé *Vouacapoua* [2] (fig. 60-62), et qui est absolument aux *Sclero-*

1. *B. erythrosperma* Benth., in *Trans.
Linn. Soc.*, XXV, 302, t. 37.—*Tachigalia erythrosperma* Spruce, *exs.*, n. 2780.

2. Aubl., *Guian.*, Suppl., 9, t. 373. —
H. Bn, in *Adansonia*, IX, fasc. 7, t. IV.

lobium et au *Batesia* ce que le *Zuccagnia* est aux Brésillets [1]. Le réceptacle, le calice et la corolle, pentamères et imbriqués, sont les mêmes.
L'androcée est aussi formé de dix étamines, dont cinq, oppositipétales,
sont plus courtes ; mais leurs filets sont dressés, et leurs anthères
sagittées ont des loges qui divergent en bas. Le gynécée n'a plus ce pied

Vouacapoua americana.

Fig. 61. Fleur ($\frac{4}{1}$).

Fig. 62. Fleur, coupe longitudinale.

à dilatation oblique qui caractérise les *Batesia ;* il s'insère directement
au fond du réceptacle, et son ovaire ne renferme plus qu'un seul ovule,
descendant, anatrope, avec le micropyle supérieur et extérieur. Il s'atténue supérieurement en un style qui s'incline un peu du côté du placenta, et dont le sommet présente une petite cavité à bords circulaires
garnis de cils (fig. 62). Le *V. americana,* seule espèce connue de ce
genre, a non-seulement les inflorescences en panicules (fig. 60) et les
fleurs semblables ultérieurement à celles de la plupart des Connaracées,
mais encore les feuilles alternes, composées-imparipinnées de ces plantes :
ces faits prouvent une fois de plus les rapports étroits qui unissent les
Connaracées aux Légumineuses. Le *V. americana* habite la Guyane et
le nord du Brésil.

Les fleurs des *Melanoxylon* [2] sont fort analogues à celles des *Pœppigia*.
Leur réceptacle campanulé est encore plus profond ; leur calice et leur
corolle, pentamères, peu irréguliers, sont imbriqués, et leurs dix étamines ont des filets presque rectilignes, villeux à la base. Le gynécée est

1. On aurait pu à la rigueur le placer, pour
cette raison, parmi les Copaïférées, comme on a
fait du *Zuccagnia ;* mais ses affinités avec le
Batesia nous paraissent bien plus étroites. Le
Batesia n'est peut-être même qu'une espèce de
Vouacapoua, à ovaire contenant plus d'un ovule,
et devant former dans ce genre une simple section, caractérisée encore par l'existence de ce
renflement oblique qu'on observe à la base de
l'ovaire.

2. Schott, ap. Spreng., *Syst., Cur. post.,*
406. — Endl., *Gen.,* n. 6761, — B. H., *Gen.,*
563, n. 301. — *Perittium* Vog., in *Linnæa,*
XI, 408.

central ou à peu près, et l'ovaire surmonte un long support épais [1] ; il renferme de nombreux ovules, et est surmonté d'un style à sommet tronqué, concave, bordé de papilles stigmatiques. Le fruit est une large gousse, coriace, comprimée, oblongue-falciforme et bivalve. Les graines sont ailées sur les bords et surmontées d'une sorte de lame falciforme ; elles renferment, sous leurs téguments, un embryon charnu qu'enveloppe un albumen mince. La seule espèce connue de ce genre [2] est un grand arbre brésilien, chargé d'un duvet couleur de rouille ; ses feuilles sont alternes, imparipinnées, et ses fleurs sont réunies en une large grappe ramifiée et terminale.

Les *Thylacanthus* [3] ont des fleurs construites comme celles des *Batesia* : même périanthe, imbriqué, avec des pétales atténués à leur base ; même androcée de dix étamines à filets infléchis, et même gynécée central à ovaire pauciovulé. Mais leur style est long et grêle, révoluté dans le bouton, et terminé par un large renflement pelté, stigmatifère ; et surtout la fleur, placée dans l'aisselle d'une bractée caduque, est accompagnée, comme celle des Amherstiées [4], de deux bractéoles latérales qui sont assez épaisses, presque égales entre elles et forment au bouton. une enveloppe complète en s'appliquant d'abord l'une contre l'autre par leurs bords. Elles s'écartent en haut, lors de l'épanouissement, pour laisser sortir les fleurs. Celles-ci sont réunies en grappes ramifiées vers le sommet des rameaux. Le *T. ferrugineus* Tul., seule espèce d'abord connue de ce genre, est un arbre inerme, du Brésil boréal ; ses feuilles sont alternes et composées-paripinnées.

Le *Dicymbe corymbosa* [5] est un petit arbre inerme, du Brésil boréal, dont les feuilles sont alternes, pennées, et dont les larges fleurs, réunies en faux corymbes, ont un réceptacle profond, en forme de cône renversé, doublé de tissu glanduleux. Sur ses bords s'insèrent quatre [6] ou cinq sépales imbriqués, et cinq grands pétales alternes, presque égaux entre eux, également imbriqués dans la préfloraison. Les étamines sont au nombre de dix, avec des filets infléchis dans le bouton et des anthères portées de la sorte dans la concavité du réceptacle ; l'ovaire est central, multiovulé, surmonté d'un style, d'abord involuté, dilaté supérieurement

---

1. On le dit sessile ; mais sa base, allongée et aplatie, est pleine, et représente par conséquent un pied.

2. *M. Brauna* Schott. — *Perittium ferrugineum* Vog., *loc. cit.*

3. Tul., in *Arch. Mus.*, IV, 175.

4. Auxquelles nous ne rapportons pas les deux espèces du genre *Thylacanthus*, parce

que l'insertion de leur gynécée est centrale.

5. Spruce, ex B. H., *Gen.*, 564, 1002, n. 304. — Benth., in *Trans. Linn. Soc.*, XXV, 303, t. 38.

6. Dans ce cas, le sépale postérieur porte vers son sommet une échancrure plus ou moins profonde, qui indique qu'il représente à lui seul deux folioles calicinales.

en un stigmate pelté. Les fleurs de cette plante sont donc construites de tous points comme celles du *Thylacanthus ferrugineus ;* mais ce qui donne au *Dicymbe* un caractère tout particulier, c'est que les deux bractéoles latérales qui enveloppent la fleur représentent chacune une demi-sphère creuse, coriace, et que, appliquées l'une contre l'autre par leurs bords épais, ces deux bractéoles forment une véritable boîte globuleuse. Ce sac est bien moins épais dans le *T. ferrugineus*, dont le calice est constamment pentamère, les pétales bien plus rétrécis à leur base, et les ovules moins nombreux. Pour ces raisons, nous ferons du *Dicymbe* une simple section du genre *Thylacanthus*, avec le nom de *T. corymbosus*.

Avec les caractères généraux des genres qui précèdent, notamment des *Melanoxylon*, les *Campsiandra* [1] présentent un androcée à étamines

Campsiandra comosa.

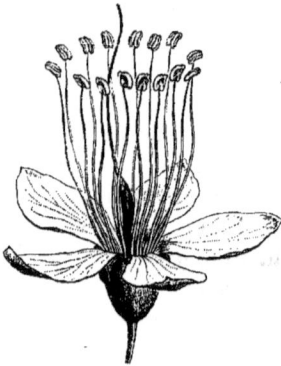

Fig. 63. Fleur ($\frac{2}{1}$).   Fig. 64. Fleur, coupe longitudinale.

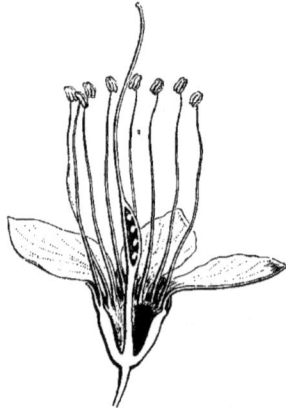

plus nombreuses que dix; on en compte de quinze à vingt, avec des filets d'abord infléchis dans le bouton, plus tard longuement exserts, et des anthères qui sont d'abord logées dans la concavité profonde du réceptacle, entre ses parois et le pied du gynécée. Celui-ci est central ou à peu près. Son ovaire, multiovulé, supporté par un pied assez long, est surmonté d'un style grêle, à sommet dilaté, tronqué, stigmatifère [2]. Le

1. BENTH., in *Hook. Journ.*, II, 93. — POEPP. et ENDL., *Nov. gen. et spec.*, t. 268. — ENDL., *Gen.*, n. 6810 [1]. — B. H., *Gen.*, 563, n. 299.

2. Ce style devient longuement exsert comme les étamines. Dans certaines fleurs, cependant, il demeure très-court, inclus, rectiligne, très-dilaté à son sommet, qui ne dépasse pas l'orifice

fruit est une grande gousse bivalve, à péricarpe rectiligne ou arqué, épais, ligneux, comprimé; il renferme de larges graines, souvent déformées par une pression réciproque et dont l'embryon charnu est dépourvu d'albumen. Les *Campsiandra* sont des arbres inermes de l'Amérique tropicale; leurs feuilles sont alternes, composées-pennées, et leurs fleurs sont réunies en grappes simples ou très-ramifiées, axillaires ou terminales; on en connaît trois ou quatre espèces [1].

Le *Phyllocarpus* [2], genre anormal dans ce groupe, a un réceptacle concave, doublé de tissu glanduleux, avec quatre sépales libres, imbriqués, et trois pétales, dont un postérieur, enveloppé par les deux latéraux. Les étamines sont, comme dans beaucoup de Papilionacées [3], diadelphes, neuf d'entre elles étant réunies en une gaîne fendue en dessus, et la dixième étant libre. Toutes ont une anthère introrse, biloculaire, versatile, déhiscente par deux fentes longitudinales. Le gynécée se compose d'un ovaire stipité, central, pauciovulé, surmonté d'un style grêle, d'abord contourné, terminé par un sommet stigmatifère tronqué, à peine renflé. Le fruit est une gousse oblongue, rectiligne, ou un peu arquée, comprimée, foliiforme, indéhiscente (?), à suture placentaire développée en aile étroite. On ne connaît qu'une espèce de ce genre [4]; c'est un arbre inerme, élevé, du Brésil tropical. Ses feuilles sont alternes, paripinnées, à folioles nombreuses. Ses fleurs sont disposées en grappes courtes, solitaires ou fasciculées, au niveau des nœuds dépourvus de feuilles des rameaux de l'année précédente.

IV. SÉRIE DES AMHERSTIA.

Le magnifique arbre asiatique qu'on a nommé *Amherstia* [5] (fig. 65-67) est considéré comme le type d'une série particulière, parce que son réceptacle floral, très-profond, en forme de long tube étroit, porte le gynécée tout près de son ouverture supérieure (R, fig. 67), et non au fond de la cavité dont il est creusé. Les bords de ce réceptacle supportent un calice

supérieur du réceptacle floral. Les ovules sont en même temps peu développés; de sorte qu'il s'agit probablement là de fleurs mâles par avortement incomplet du gynécée. Dans ce cas, les *Campsiandra* seraient polygames.

1. WALP., *Rep.*, V, 568.
2. RIED., ex TUL., in *Ann. sc. nat.*, sér. 3, XX, 142; in *Arch. Mus.*, IV, 171.

ENDL., *Gen.*, n. 6720 [1]. — B. H., *Gen.*, 564, n. 305.

3. Groupe auquel il faudra peut-être rapporter le *Phyllocarpus.*

4. *P. Riedeli* TUL., *loc. cit.* — WALP., *Rep.*, 546.

5. WALL., *Pl. asiat. rar.*, I, 1, t. 1, 2. — ENDL., *Gen.*, n. 6793.—B. H., *Gen.*, 578, n. 340.

de quatre sépales, disposés dans le bouton en préfloraison imbriquée
(fig. 67). Le sépale postérieur représente à lui seul deux des véritables
pièces du calice, car il se trouve exactement placé au-dessous du pétale

Amherstia nobilis.

Fig. 65. Fleur (½).   Fig. 66. Fleur, coupe longitudinale.

vexillaire, lequel est tout à fait enveloppé dans la préfloraison par les
deux pétales latéraux. Quant aux deux pétales antérieurs, ils demeurent
souvent rudimentaires. L'androcée, également inséré sur les bords du
tube réceptaculaire, est formé de dix étamines diadelphes. Neuf d'entre
elles, les antérieures, sont unies inférieurement en une large gouttière.
Leurs filets sont fort inégaux dans leur portion libre ; les cinq étamines
alternipétales les ont très-longs, et les quatre autres, relativement très-
courts. Tous supportent une anthère biloculaire, introrse, déhiscente
par deux fentes longitudinales. Il en est de même de la dixième étamine,
celle qui est superposée au pétale vexillaire, et qui se trouve libre au
côté postérieur de la fleur. Le gynécée se compose d'un ovaire dont le
pied court s'insère très-obliquement sur la paroi vexillaire du réceptacle
(fig. 66), et qui est surmonté d'un style grêle, involuté dans le bouton,
terminé par une petite tête stigmatifère. Sur la paroi postérieure de
l'ovaire se voit le placenta, qui supporte deux rangées verticales d'ovules

en nombre indéfini, descendants obliquement, avec le micropyle en haut et en dehors. Le fruit est une gousse allongée, comprimée, arquée, coriace, ligneuse, bivalve, à suture placentaire épaissie, dilatée. Les graines qu'elle contient en quantité variable, renferment sous leurs téguments un embryon charnu, dépourvu d'albumen. L'*A. nobilis* [1], seule espèce du genre, habite le Martaban. Ses branches inermes sont chargées de feuilles alternes, paripinnées, accompagnées de stipules étroites, foliacées et caduques ; ses fleurs sont réunies en longues grappes lâches, terminales, pendantes. Chacun des pédicelles floraux est placé dans l'aisselle d'une bractée caduque, et il porte, au-dessous de la fleur, deux larges bractées latérales, lancéolées, colorées en rouge, valvaires d'abord et formant une sorte

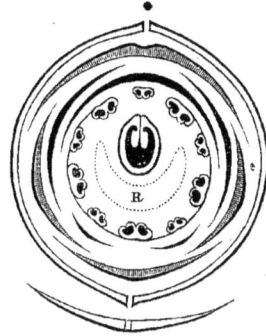

Amherstia nobilis.

Fig. 67. Diagramme.

d'étui autour du bouton, puis s'écartant l'une de l'autre pour laisser sortir la fleur sur les côtés de laquelle elles persistent.

Les *Humboldtia* [2] ont des fleurs plus petites de beaucoup que celles des *Amherstia*, mais construites absolument de même, à une seule différence près : c'est que leurs étamines sont libres, au lieu d'être diadelphes. Dans certaines espèces asiatiques de ce genre, les étamines oppositipétales sont réduites à de courtes languettes stériles, ou même tout à fait disparues. Les quatre ou cinq espèces de ce genre sont originaires de l'Afrique tropicale occidentale [3], de l'Inde, de Ceylan [4]. Ce sont des arbustes inermes, à feuilles composées-paripinnées, et à fleurs réunies en grappes terminales ou insérées sur le bois des vieilles branches, solitaires ou géminées. Leurs fleurs sont aussi accompagnées de deux bractéoles latérales colorées qui se touchent par leurs bords autour du bouton qu'elles enveloppent.

---

1. WALL., *loc. cit.* — WALP., *Rep.*, V, 567. — HOOK., in *Bot. Mag.*, t. 4453.
2. VAHL, *Symb. bot.*, III, 106. — DC., *Prodr.*, II, 488. — ENDL., *Gen.*, n. 6792. — B. H., *Gen.*, 579, 1003, n. 341. — *Batschia* VAHL, *op. cit.*, 39, t. 56 (nec GMEL., nec L., nec THUNB.).
3. L'espèce africaine, que nous appellerons *H. africana*, a des fleurs à dix étamines fertiles dont les filets sont unis à leur base dans une très-faible étendue, infléchis dans le bouton.

Son ovaire renferme, en général, quatre ovules descendants, disposés sur deux rangées, plus ou moins entourés à leur base d'une saillie du placenta ; le micropyle est dirigé en haut et en dehors. Près du fond du réceptacle floral se trouve une glande qui proémine dans l'intérieur de sa cavité.

4. R. BR., in *Wall. Pl. as. rar.*, III, 17, t. 238. — WIGHT et ARN., *Prodr.*, I, 284. — WIGHT, *Icon.*, t. 1605-1608. — WALP., *Rep.*, I, 844 ; *Ann.*, III, 852 ; IV, 608.

Les *Schotia* [1] ont tout à fait la fleur des *Humboldtia*, avec quatre sépales et cinq pétales imbriqués de même, dix étamines libres ou à peu près, et le même gynécée. Le fruit est une gousse qui ne s'ouvre que fort incomplétement, oblongue, comprimée, rectiligne ou arquée, souvent munie d'un rudiment étroit et épais d'aile sur la suture pariétale. Les graines sont orbiculaires, comprimées, supportées par un funicule parfois dilaté en arille [2]. Mais les fleurs des *Schotia* ne sont pas renfermées d'abord dans les deux bractéoles qui les accompagnent. Ces bractéoles, de même que les bractées axillantes, sont membraneuses et caduques. Les fleurs sont nombreuses, réunies en grappes composées, ordinairement très-rameuses. Les quatre ou cinq espèces qui forment ce genre sont des arbres ou des arbustes inermes de l'Afrique australe [3]. Leurs feuilles sont composées-paripinnées, accompagnées de courtes stipules caduques.

Les *Palovea* [4] ont à peu près la fleur des *Amherstia* et des *Humboldtia*. Mais leur corolle est réduite aux trois pétales postérieurs, les deux antérieurs venant à disparaître ; leurs étamines, libres, comme celles de ce dernier genre, sont au nombre de neuf seulement, l'étamine vexillaire disparaissant également ; les deux bractéoles qui accompagnent la fleur sont unies entre elles en tube, dans une assez grande étendue, et les feuilles sont simples et entières, au lieu d'être composées. Le *P. guianensis*, seule espèce du genre, habite la Guyane ; c'est un arbuste inerme dont les fleurs sont réunies au sommet des rameaux en un épi court et pauciflore.

Les *Elisabetha* [5] ont extérieurement tout à fait la fleur des *Palovea*, avec deux bractéoles latérales unies en étui dans une certaine étendue, et une corolle de cinq pétales développés. Mais, de leurs neuf étamines, unies entre elles dans une très-faible étendue de la base des filets, trois seules sont grandes et terminées par une anthère bien développée ;

---

1. JACQ., *Collect.*, I, 93. — LAMK., *Dict.*, VII, 26 ; Suppl., V, 114 ; *Ill.*, t. 331. — DC., *Prodr.*, II, 507. — ENDL., *Gen.*, n. 6785. — B. H., *Gen.*, 581, n. 350. — *Guaiacum* L., ex J., *Gen.*, 347. — *Theodora* MEDIK., *Monog.*, Mannh. (1796), 16, icon., ex ECKL. et ZEYH., *Enum. pl. afr. austr.*, 261. — *Scotia* THUNB., *Fl. cap.*, I, 389. — *Omphalobium* JACQ., ex DC., *loc. cit.*, 508 (nec DC.).

2. L'arille existe dans le *S. latifolia* JACQ. (*Fragm.*, 23, t. 15, fig. 4), dont DE CANDOLLE a fait le type d'une section *Omphalobioides*. Le *S.* (*Theodora*) *speciosa* JACQ. en est dépourvu.

3. HARV. et SOND., *Fl. cap.*, II, 273. —

HARV., *Thes. cap.*, t. 32. — JACQ., *loc. cit.*, 136 ; *Ic. rar.*, t. 75. — HOOK., *Exot. Flor.*, t. 159 ; *in Bot. Mag.*, t. 1153. — ANDR., *Bot. Repos.*, t. 348. — BOLLE, in *Pet. Mossamb.*, 18. — H. BN, in *Adansonia*, VI, 187, 197.

4. AUBL., *Guian.*, 365, t. 141 (*Paloue*). — J., *Gen.*, 351. — LAMK., *Dict.*, IV, 716 ; Suppl., IV, 265 ; *Ill.*, t. 323. — DC., *Prodr.*, II, 518. — ENDL., *Gen.*, n. 6799. — B. H., *Gen.*, 578, n. 339. — *Ginnania* SCOP., *Introd.*, n. 1366. — SCHREB., *Gen.*, 271.

5. SCHOMB., in *Hook. Journ.*, II, 92. — ENDL., *Gen.*, n. 6794 [1]. — B. H., *Gen.*, 577, n. 337.

elles sont superposées aux trois sépales antérieurs. Les six autres étamines n'ont qu'une petite anthère stérile, ou sont réduites à leurs filets
subulés. Le gynécée et les fruits sont d'ailleurs analogues à ceux des
Amherstia et *Palovea*, dans l'*E. coccinea* Schomb. [1], seule espèce connue
du genre, arbre inerme de la Guyane, qui a des feuilles composées-
paripinnées, et des grappes terminales courtes, où chaque fleur occupe
l'aisselle d'une large bractée coriace et colorée.

Les *Heterostemon* [2] (fig. 68, 69) ont à peu près les fleurs des *Palovea*
et des *Elisabetha* : même réceptacle et même calice, avec une corolle de

Heterostemon mimosoïdes.

Fig. 68. Fleur (²⁄₇).   Fig. 69. Fleur, coupe longitudinale.

cinq pétales dont les trois postérieurs sont seuls bien développés. Les
étamines sont semblables à celles des *Elisabetha*, trois d'entre elles étant
fort développées, et six, courtes, stériles ou réduites aux filets. Mais
ceux-ci sont unis inférieurement en une gouttière fendue du côté du
pétale vexillaire. Le gynécée, le fruit et les graines sont construits comme

---

1. Walp., *Rep.*, I, 843.   DC., *Prodr.*, II, 488. — Endl., *Gen.*, n. 6794.
2. Desf., in *Mém. Mus.*, IV, 248, t. 12. —   — B. H., *Gen.*, 578, n. 338.

dans les deux genres précédents. Les cinq ou six espèces connues de ce genre sont des arbres ou des arbustes inermes de l'Amérique tropicale. Leurs feuilles sont alternes, paripinnées, imparipinnées ou unifoliolées, accompagnées de stipules caduques. Leurs fleurs sont réunies en grappes terminales ou latérales, comme dans les *Humboldtia*, avec deux bractéoles unies, formant étui, comme dans les *Elisabetha* et les *Palovea*, mais un étui très-court qui laisse voir la presque totalité de la fleur.

Brownea coccinea.

Fig. 70. Fleur.   Fig. 71. Diagramme.   Fig. 72. Fleur, coupe longitudinale.

Les *Brownea* [1] (fig. 70-72) tiennent à la fois de tous les genres précédents. Leur réceptacle, leur calice, leur gynécée, leur fruit et leurs graines y sont toujours les mêmes; leur corolle est formée de cinq pétales bien développés, comme dans les *Amherstia*; leurs étamines sont au nombre de dix à quinze, tantôt libres et tantôt monadelphes dans une certaine étendue. Les fleurs des *Brownea* sont réunies au sommet des rameaux en superbes épis courts, ou en capitules, placées chacune dans l'aisselle d'une bractée colorée, pétaloïde. Les bractéoles latérales, unies bords à bords dans une grande étendue, forment un long étui dont la fleur se dégage pour s'épanouir. On connaît environ

1. Jacq., *Pl. amer.*, 194, t. 121; *Fragm.*, t. 16-23.— L., *Gen.*, n. 833.— J., *Gen.*, 366. — Lamk, *Dict.*, I, 471; Suppl., I, 710 ; *Ill.*, t. 575.—DC., *Prodr.*, II, 477.—Endl., *Gen.*, n. 6810. — B. H., *Gen.*, 577, n. 336. — *Hermesia* Lœfl., *It.*, 278 ? (nec K.)

huit espèces de *Brownea* [1] ; ce sont de beaux arbres ou des arbustes glabres, tous originaires de l'Amérique tropicale ; leurs feuilles sont alternes, paripinnées, pourvues de stipules foliacées, parfois colorées, caduques. A cet égard, les *Brownea* sont très-analogues aux *Elisabetha ;* mais leurs étamines, toutes fertiles, à peu près égales et exsertes, sont semblables à celles des *Palovea.*

Les *Saraca* [2] sont des arbres indiens, dont les fleurs sont celles des *Humboldtia* ou des *Amherstia*, à trois caractères près : elles n'ont pas de corolle ; leur périanthe coloré est de nature calicinale, et leurs bractées axillaires sont surmontées de deux bractéoles bien moins développées, n'entourant pas toute la fleur et pouvant se recouvrir un peu l'une l'autre par leurs bords amincis. Il faut ajouter que, dans certaines espèces, les dix étamines ne sont pas toutes fertiles ; cinq ou six d'entre elles peuvent être dépourvues d'anthères. Les filets ne sont, ni tout à fait libres, comme ceux des *Humboldtia*, ni unis dans une grande étendue, comme ceux des *Amherstia*, mais monadelphes seulement au voisinage de leur insertion. Le fruit est une gousse bivalve, allongée, aplatie ou turgide. Les *Saraca* sont au nombre de trois ou quatre espèces, peu distinctes les unes des autres [3] ; leurs tiges sont inermes, chargées de feuilles alternes, paripinnées, munies de petites stipules caduques ; leurs fleurs sont réunies en grappes ramifiées, composées, souvent latérales. Tous les *Saraca* sont asiatiques.

Les *Apalatoa* [4] ont les mêmes fleurs que les *Saraca*, sans corolle, avec un androcée diplostémoné, dont plusieurs pièces peuvent manquer, et un ovaire ordinairement pauciovulé. Leur fruit est orbiculaire, ovale ou oblong, à deux valves dont les bords sont souvent épaissis ; il contient une ou deux graines aplaties, sans albumen. Ce sont des arbres, à feuilles alternes, imparipinnées, à stipules de forme et de durée variables. Leurs fleurs sont réunies en grappes simples, qui terminent les jeunes rameaux

1. H. B. K., *Nov. gen. et spec.*, VI, 312.— Pœpp. et Endl., *Nov. gen. et spec.*, t. 292. — Hook., in *Bot. Mag.*, t. 3964, 4839. — *Bot. Reg.* (1841), t. 30. — Lindl. et Paxt., *Fl. gard.*, t. 59. — Walp., *Rep.*, V, 565.

2. Burm., *Fl. ind.*, 85, t. 25, fig. 2. — L., *Mantiss.*, n. 1267. — J., *Gen.*, 422. — B. H., *Gen.*, 583, n. 357.— *Jonesia* Roxb., in —*Asiat. Res.*, IV, 355, icon.; *Fl. ind.*, II, 212. DC., *Prodr.*, II, 487.— Spach, *Suit. à Buffon*, I, 110. — Endl., *Gen.*, n. 6795. — *Asjogam* Rheed., *Hort. malab.*, V, 117, t. 50.

3. Wight et Arn., *Prodr.*, II, 487.— Wight, *Icon.*, t. 206. — Miq., *Fl. ind. bat.*, I, p. I,

83. — *Bot. Mag.*, t. 3018. — Walp., *Ann.*, IV, 609, 610.

4. Aubl., *Guian.*, 382. — H. Bn, in *Adansonia*, IX, fasc. 7.—*Crudia* Schreb., *Gen.*, 282. — B. H., *Gen.*, 584, 1003, n. 358.— H. Bn, in *Adansonia*, VI, 199. — *Crudya* W., *Spec.*, II, 539..— DC., *Prodr.*, II, 519. — Endl., *Gen.*, n. 6802. — *Opalatoa* Aubl., *op. cit.*, t. 147. — *Touchirou* L. C. Rich., ex Endl. — *Touchiroua* Aubl., *op. cit.*, 384, t. 48. — *Vouarana* Aubl., *Suppl.*, 12, t. 347 ? — *Cyclas* Schreb., *loc. cit.* (part.). — *Waldschmidtia* Neck., *Elem.*, n. 1445. — *Pryona* Miq., *Fl. ind. bat.*, I, p. I, 1081.

ou s'insèrent latéralement sur les branches des années précédentes. Chaque fleur occupe l'aisselle d'une bractée, souvent caduque, et est accompagnée de deux bractéoles latérales, quelquefois larges, étalées et persistant assez longtemps sur les côtés de la fleur qu'elles enveloppaient d'abord complétement. Ce genre comprend une dizaine d'espèces, originaires la plupart de l'Amérique tropicale [1]. On en trouve une dans l'Afrique tropicale occidentale [2], une à Ceylan [3], une enfin dans l'archipel Indien [4].

La corolle reparaît dans les *Baikiœa* [5], dont le calice a quatre sépales épais, inégaux, taillés en biseau sur les bords et ne se recouvrant que dans ces points. Les pétales sont au nombre de cinq, et le postérieur est superposé au sépale postérieur [6]. Les étamines sont au nombre de dix [7]; et le gynécée, dont l'insertion est légèrement excentrique, se trouve supporté par un pied rétréci. Son ovaire renferme de nombreux ovules descendants, et est surmonté d'un style à extrémité stigmatifère peu renflée. Les *Baikiœa*, dont on connaît une couple d'espèces [8], sont de beaux arbres de l'Afrique tropicale occidentale ; leurs feuilles sont paripinnées, avec une ou deux paires seulement de folioles larges et coriaces, et leurs fleurs, très-grandes, chargées d'un duvet brunâtre, velouté, sont réunies en grappes courtes, subterminales.

La symétrie florale est la même dans les Tamariniers [9] (fig. 73-76) que dans les genres précédents ; mais la corolle et l'androcée y sont le siége d'un certain nombre d'avortements. Le réceptacle, creusé d'une longue cavité tubuleuse, porte sur ses bords quatre sépales imbriqués, le sépale postérieur représentant ainsi à lui seul deux folioles calicinales. La corolle n'a que trois pétales : le postérieur, et les deux latéraux, qui le recouvrent dans la préfloraison [10]. L'androcée est formé de neuf étamines, comme dans les *Heterostemon*, *Elisabetha*, etc. : c'est celle qui serait exactement superposée au pétale vexillaire, qui disparaît ; les

---

1. Griseb., *Fl. brit. w. Ind.*, 216.— Walp., *Rep.*, I, 854 ; V, 573; *Ann.*, IV, 611.
2. *C. senegalensis* Pl. — Benth , *Niger*, 329 ; in *Trans. Linn. Soc.*, XXV, 314, n. 1.
3. *C. zeylanica* Benth., *loc. cit.*, n. 2.— *Detarium zeylanicum* Thw., *Enum. pl. Zeyl.*, 414.
4. *Apalatoa bantamensis*. — *Pryona bantamensis.* Miq., *loc. cit.*, n. 1.
5. Benth., *Gen.*, 581, 1003, n. 349 ; in *Trans. Linn. Soc.*, XXV, 314, t. 41.
6. Qui est le plus large de tous et représente les deux folioles postérieures du calice.
7. Leurs filets sont réfléchis dans le bouton, et leurs anthères versatiles sont alors logées

dans l'intervalle qui sépare du gynécée la paroi interne du réceptacle.
8. « Vel unius varietates. » (Benth.)
9. *Tamarindus* T., *Inst.*, 660, t. 445. — L., *Gen.*, n. 46. — Adans., *Fam. des pl.*, II, 319. — Lamk, *Dict.*, VII, 564 ; Suppl., I, 281 ; *Ill.*, t. 25. — J., *Gen.*, 347. — Gærtn., *Fruct.*, II, 310, t. 146. — DC., *Prodr.*, II, 488.— Spach, *Suit. à Buffon*, I, 111.— Endl., *Gen.*, n. 6778. — B. H., *Gen.*, 581, n. 348.
10. C'est exceptionnellement que, comme dans la figure 75, le pétale postérieur recouvre les pétales latéraux, tantôt par les deux bords, et tantôt par un seul (voy. Agardh, *Theor.*, 212).

autres sont loin d'être toutes fertiles, mais seulement celles qui sont
superposées aux trois sépales antérieurs. Celles-là ont un filet qui devient
libre, subulé, et supporte une anthère biloculaire, introrse, déhiscente
par deux fentes longitudinales ; les six autres étamines sont réduites à

Tamarindus indica.

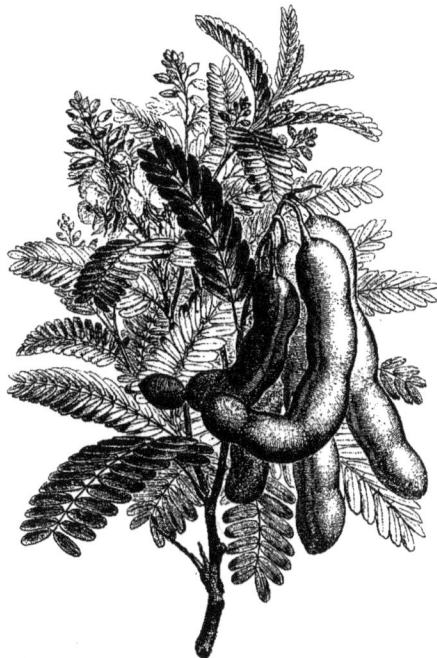

Fig. 73. Port ($\frac{1}{7}$).

des languettes stériles dans leur portion supérieure, tandis que dans la
partie inférieure de leurs filets elles sont unies avec les étamines fertiles
en un long tube arqué, fendu du côté postérieur de la fleur. Le gynécée,
inséré sur la partie supérieure de la paroi postérieure du tube réceptaculaire, se compose d'un ovaire stipité, surmonté d'un style arqué,
à extrémité stigmatifère légèrement renflée. L'ovaire renferme un
nombre indéfini d'ovules légèrement descendants, anatropes, avec le
micropyle supérieur et extérieur. Le fruit, dit *tamarin*, est allongé,
rectiligne, presque cylindrique ou légèrement aplati, à bords continus
ou irrégulièrement étranglés dans l'intervalle des graines (fig. 73).

Son épicarpe est assez épais, crustacé, fragile ; son mésocarpe, épais, pulpeux, gorgé d'un suc acidule, est parcouru par des faisceaux fibro-vasculaires ligneux, ramifiés. L'endocarpe, parcheminé, plus ou moins coriace, est partagé en autant de logettes qu'il y a de graines. Chaque logette est complétement fermée et se sépare facilement des deux logettes voisines au niveau des fausses-cloisons transversales, qui sont formées d'un double feuillet. Les graines sont descendantes, obovées,

Tamarindus indica.

Fig. 74. Fleur ($\frac{4}{7}$).   Fig. 75. Diagramme.   Fig. 76. Fleur, coupe longitudinale.

comprimées ; elles renferment, sous leurs téguments coriaces, un embryon charnu, dépourvu d'albumen, à radicule supère et courte, complétement entourée par la base auriculée des cotylédons. On ne connaît qu'une seule espèce de Tamarinier [1], originaire de l'Afrique ou de l'Asie tropicale, transportée dans toutes les régions chaudes du globe : c'est un arbre inerme, à feuilles alternes, paripinnées, accompagnées de deux stipules latérales, caduques. Les fleurs sont disposées en grappes situées au sommet des rameaux ; chacune d'elles est placée dans l'aisselle d'une bractée caduque, colorée, et accompagnée de deux grandes bractéoles latérales, lancéolées, appliquées l'une contre l'autre par leurs bords et enveloppant primitivement le bouton tout entier.

1. *T. indica* L., *Spec.*, 48.— RHEED., *Hort. malab.*, I, t. 23. — RUMPH., *Herb. amboin.*, II, t. 23. — DC., *Mém. Légum.*, II, t. 24, fig. 113.— *T. occidentalis* GÆRTN., *loc. cit.* — DC., *Prodr.*, loc. cit., n. 2. — JACQ., *Amer.*, 10, t. 10, 179. — *T. officinalis* HOOK., in *Bot. Mag.*, t. 4563. — MIQ., *Fl. ind.-bat.*, I, p. I, 82. — WALP., *Ann.*, IV, 595.

Les *Vouapa* [1] (fig. 77-80) ressemblent beaucoup aux Tamariniers, quant à l'androcée ; car leurs étamines fertiles se trouvent souvent réduites aussi au nombre de trois, avec un nombre variable de staminodes. Mais l'amoindrissement de leur corolle est plus prononcé encore ; ils n'ont plus qu'un grand pétale, le postérieur ; les quatre autres sont réduits à de petites languettes, ou manquent totalement ; et, de plus, les deux bractéoles latérales qui accompagnent leurs fleurs deviennent deux larges cuillerons coriaces et concaves, se·touchant par leurs bords épais, et enfermant totalement le bouton, comme dans une sorte de

Vouapa bifolia.

Fig. 77. Fleur ($\frac{4}{1}$).   Fig. 78. Fleur, coupe longitudinale.

sac, avant l'épanouissement. Les quatre sépales, imbriqués, deviennent tout à fait membraneux et sont souvent peu développés. Les autres caractères sont éminemment variables dans les vingt espèces environ qui doivent être réunies dans ce genre. Ainsi, le réceptacle floral y est souvent longuement tubuleux, comme celui des Tamariniers ; c'est ce qui arrive dans le *V. bifolia* AUBL. (fig. 77, 78). Mais, ailleurs, il devient relativement plus large et moins profond, comme celui des *Baikiæa ;*

1. AUBL., *Guian.* (1775), 25, t. 7. — J., *Gen.*, 350.—LAMK, *Dict.*, VIII ; 699 ; *Ill.*, t. 26. — DC., *Prodr.*, II, 511. — SPACH, *Suit. à Buffon*, I, 120. — ENDL., *Gen.*, n. 6803. — H. BN, in *Adansonia*, VI, 177 ; IX, fasc. 7. — *Outea* AUBL., *op. cit.*, 28, t. 9.—J., *loc. cit.*, 347. — LAMK, *Dict.*, III, 291 ; Suppl., IV, 237 ; *Ill.*, t. 26.—DC., *loc. cit.*, 510. — SPACH, *loc. cit.*, 119. — *Macrolobium* SCHREB., *Gen.*, I (1789),

30, n. 12.—VAHL, *Enum.*, II, 37. — VOG., in *Linnæa*, XI, 411. — ENDL., *Gen.*, n. 6803. — B. H., *Gen.*, 579, 1003, n. 342. — *Kruegeria* NECK., *Elem.*, III (1790), 65, n. 1389. — *Anthonota* P. BEAUV., *Fl. ow. et ben.*, I (1804), 70, t. 42. — DC., *loc. cit.*, 510. — DESVX, in *Ann. sc. nat.*, sér. 1, IX, 430. — ENDL., *Gen.*, n. 6797. — *Scytodium* VOG., in *Linnæa*, XI, 411.

c'est ce qu'on voit dans le *V. macrophylla* [1] (fig. 79, 80); et le gynécée s'insère, dans ce cas, bien moins près du bord postérieur de la cavité réceptaculaire. Le calice est ordinairement à quatre sépales imbriqués, et la corolle est représentée par le pétale vexillaire, très-développé, pourvu d'un long onglet et d'un large limbe replié sur lui-même dans le bouton. Les quatre pétales antérieurs sont réduits à de très-petites languettes ou manquent même tout à fait. Les étamines fertiles sont souvent au nombre de trois, les autres pièces de l'androcée devenant tout à fait rudimentaires ou disparaissant même totalement (fig. 77, 78).

Vouapa (Anthonota) macrophylla.

Fig. 79. Fleur ($\frac{4}{1}$).   Fig. 80. Fleur, coupe longitudinale.

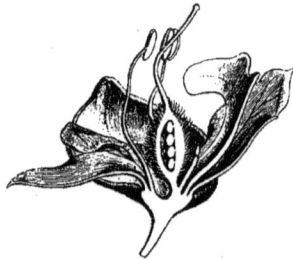

Mais les *Anthonota*, de l'Afrique tropicale, qu'on doit rapporter à ce genre, ont parfois jusqu'à neuf ou dix étamines qui peuvent être toutes fertiles, sauf une seule; ce qui rend plus claire la disposition fondamentale des éléments de l'androcée. Ainsi le *V. macrophylla* a cinq pétales fort inégaux; et l'étamine superposée au pétale vexillaire est la seule qui manque, ou qui soit remplacée par un tubercule stérile. Les neuf autres ont « une anthère qui peut s'ouvrir suivant sa longueur et contenir du pollen en quantité variable ». Le *V. crassifolia* [2] sert d'intermédiaire à cette espèce et à celles de l'Amérique, par son androcée, qui possède trois grandes étamines à anthère fertile, et quatre petites, dont deux latérales ont une anthère de petite taille, les deux autres ne portant à leur sommet qu'un petit renflement glanduleux. Nous avons encore observé dans ce genre deux espèces africaines qui constituent les types des deux sections *Triplisomeris* et *Pentisomeris*, dans le genre *Vouapa*, et qui achèvent de démontrer la symétrie florale de ce groupe; car

1. H. Bn, in *Adansonia*, VI, 178, t. III, fig. 6, 7. — *Anthonota macrophylla* P. Beauv., *Fl. ow. et ben.*, I, 71, t. 42 (les analyses de la fleur inexactes et incomplètes). — *Macrolobium Palisoti* Benth., in *Trans. Linn. Soc.*, XXV, 308.

2. H. Bn, in *Adansonia*, VI, 179, note 1.

la première [1] n'a plus que deux petits pétales, les trois postérieurs
étant à peu près égaux entre eux ; et la dernière [2] a les deux sépales
postérieurs indépendants, au lieu d'être unis entre eux dans une grande
étendue ; de sorte que le type quinaire du calice s'y trouve complétement
rétabli. L'ovaire, inséré plus ou moins loin du fond du réceptacle
(fig. 78, 80), renferme depuis deux ou trois jusqu'à un nombre indéfini
d'ovules descendants ; il est surmonté d'un style terminal, à extrémité
stigmatifère un peu dilatée. Le fruit est une gousse, bivalve et oligosperme, de forme très-variable [3] ; et les graines aplaties sont dépourvues
d'albumen. Les *Vouapa* sont des arbres inermes des régions tropicales
de l'Afrique et de l'Amérique ; on en connaît, avons-nous dit, environ
vingt espèces [4]. Leurs feuilles sont alternes, impari- ou paripinnées,
parfois trifoliolées, plus souvent multifoliolées, accompagnées de stipules
latérales caduques. Leurs fleurs sont réunies en grappes simples ou
rameuses, axillaires ou terminales, souvent réfléchies.

Les *Berlinia* [5] ont les fleurs d'abord complétement enveloppées
par deux bractées coriaces, comme les *Vouapa*; mais leur androcée
est formé de deux verticilles quinaires d'étamines fertiles, ainsi que celui
des *Schotia*, *Baikiæa*, etc. Leur calice est composé de cinq sépales imbriqués, semblables à ceux des *Vouapa;* et leur corolle n'a qu'un
grand pétale, le vexillaire, les quatre autres étant réduits à des languettes de petite taille. L'ovaire, inséré sur le bord postérieur du réceptacle, est multiovulé ; le fruit est inconnu. Les *Berlinia* sont de beaux
arbres inermes, de l'Afrique tropicale ; on en connaît une demi-douzaine
d'espèces [6]. Leurs feuilles sont alternes, paripinnées, accompagnées de
stipules de taille variable. Leurs belles fleurs, blanches et odorantes,
sont réunies en grappes simples ou ramifiées.

Les *Daniella* [7] ont un réceptacle floral en forme de cornet à parois

1. *V. explicans* H. Bn, *loc. cit.*, 181,
note 1.

2. *V. demonstrans* H. Bn, *loc. cit.*, 180,
note 1, t. III, fig. 1-5. Il faut noter que, dans
la plupart de ces espèces, le pétale vexillaire,
vu sa grande taille, enveloppe dans le bouton
tous les autres éléments de la corolle, et même
souvent une portion du calice, c'est-à-dire les
trois sépales antérieurs (voy. *Adansonia*, loc.
cit., fig. 5). La préfloraison ordinaire aux Cæsalpiniées peut donc disparaître dans ce genre
et être remplacée par une véritable estivation
vexillaire, comme il arrive beaucoup plus rarement dans les *Tamariniers* (p. 104, note 10).

3. Dans le *V. acaciæfolia* (*Macrolobium
acaciæfolium* Benth.), le fruit est ainsi décrit
par M. Bentham : « *Legumen læve, suturis non

incrassatis et seminis cotyledones insigniter cor-
rugatæ, sed flores et inflorescentia nequaquam
a cæteris speciebus distinguuntur.* »

4. W., *Spec.*, I, 186.— K., *Zwei Abhandl.*,
13, t. 2.— Benth., in *Hook. Journ.*, II, 239 ;
in *Trans. Linn. Soc.*, XXV, 307. — Karst.,
Fl. columb., t. 75. — Walp., *Rep.*, I, 845 ;
· V, 570 ; *Ann.*, II, 448.

5. Soland., in *Hook. Niger*, 326. — H. Bn,
in *Adansonia*, VI, 184, t. III, fig. 8-11.— B. H.,
Gen., 579, 1003, n. 343.

6. H. Bn, *loc. cit.*, 185. — Benth., in
Trans. Linn. Soc., XXV, 309. — Walp.,
Ann., II, 447.

7. Benn. (J.), in *Pharm. Journ.*, XIV, 251.
— H. Bn, in *Adansonia*, VI, 186. — B. H.,
Gen., 580, n. 345.

épaisses. Sur ses bords s'insèrent quatre sépales imbriqués et un petit pétale vexillaire, superposé au sépale postérieur [1]. L'androcée est formé de dix étamines, libres ou à peu près, toutes fertiles et disposées sur deux verticilles. Le gynécée, inséré non loin du fond du réceptacle, est supporté par un pied grêle; son ovaire renferme de nombreux ovules descendants, disposés sur deux rangées verticales, avec le micropyle extérieur et supérieur. Le fruit est une gousse stipitée, allongée, aplatie, bivalve, souvent monosperme. L'embryon est dépourvu d'albumen, et le funicule se dilate près de la graine en un arille charnu. A la maturité, l'endocarpe se sépare avec élasticité de l'exocarpe. La seule espèce [2] connue de ce genre est un bel arbre inerme, résineux, de l'Afrique tropicale occidentale. Ses feuilles sont paripinnées, avec des folioles insymétriques et des stipules foliacées, caduques. Ses fleurs, nombreuses, sont disposées en grappes composées, fort ramifiées, portées vers le sommet des rameaux.

Eperua (Parivoa) grandiflora.

Fig. 81. Fleur.

Fig. 82. Fleur, coupe longitudinale.

Les *Eperua* [3] (fig. 81, 82) ont les fleurs construites à peu près comme celles des *Berlinia* et des *Daniella :* même tube réceptaculaire, même

1. Ce pétale « est très-variable comme taille et comme forme, et il paraît souvent exister seul à l'état adulte. Mais quand on observe de jeunes boutons, on y voit également deux pétales latéraux et deux plus petits pétales (antérieurs), qui d'ordinaire disparaissent dans la fleur adulte. Quant aux pétales latéraux, ils s'arrêtent de bonne heure dans leur développement, ou présentent dans les fleurs adultes toutes les variations possibles de taille et de consistance. » (H. Bn, *loc. cit.*)

2. *D. thurifera* Benn., *loc. cit.* (« *Species* 2 *v. unius varietates »*, Benth., *loc. cit.*).

3. Aubl., *Guian.*, I, 369, t. 142.—J., *Gen.*, 350. — DC., *Prodr.*, II, 510. — Spach, *Suit. à*

insertion, sur la paroi postérieure de ce tube, du pied du gynécée, même androcée décandre, et même corolle, réduite au pétale postérieur, sinon que ce pétale est très-grand et enveloppe totalement l'androcée dans le bouton. Le calice est gamosépale, et partagé supérieurement en quatre lobes inégaux, imbriqués. Les filets staminaux sont libres ou unis à leur base dans une faible étendue. Cette union est un peu plus prononcée dans le *Parivoa grandiflora*[1], qui ne diffère que par ce caractère des *Eperua*, et ne saurait en être génériquement séparé. L'ovaire, surmonté d'un style d'abord enroulé, à sommet stigmatifère légèrement renflé, renferme deux ou un plus grand nombre d'ovules descendants, anatropes, avec le micropyle supérieur et extérieur. Le fruit est une grande gousse aplatie, allongée, plus ou moins oblique, bivalve, mono- ou oligosperme. Les graines sont dépourvues d'albumen, et les cotylédons charnus de l'embryon se prolongent en une sorte de gaîne qui entoure la radicule, droite et supérieure. Les *Eperua* sont des arbres et des arbustes grêles, presque sarmenteux, inermes ; ils sont au nombre de six espèces[2], et habitent tous l'Amérique tropicale, notamment les Guyanes. Leurs feuilles sont alternes, pari- ou imparipinnées, à folioles coriaces, peu nombreuses, à stipules courtes et étroites, ou larges, foliacées, caduques. Les fleurs sont disposées en grappes courtes, souvent réunies au sommet des branches, sur un axe commun, qui peut être court, dressé, ou qui peut s'allonger et devenir grêle et pendant. Chaque fleur est placée à l'aisselle d'une bractée et accompagnée de deux bractéoles latérales caduques.

Les *Afzelia*[3] ont des fleurs analogues à celles des *Berlinia ;* mais leurs bractéoles latérales, peu développées, comme celles des *Daniella*, ne les enveloppent pas totalement dans le bouton. L'*A. bracteata*, par exemple, a, sur les bords d'un réceptacle tubuleux, un calice de quatre sépales imbriqués : l'un d'eux est postérieur ; le second antérieur, et les deux autres latéraux ; ces derniers sont recouverts dans le bouton par les deux premiers. La corolle n'est représentée que par un large pétale, le postérieur, et l'androcée est formé de neuf étamines. Cinq d'entre

Buffon, I, 117. — Endl., *Gen.*, n. 6800. — B. H., *Gen.*, 580, n. 344.— *Rotmannia* Neck., *Elem.*, n. 1284. — *Dimorpha* Schreb., *Gen.*, 493. — *Panzera* W., *Spec.*, II, 540.

1. Aubl., *op. cit.*, 756, t. 302. — DC., *loc. cit.*, CCLVI.—Endl., *Gen.*, n. 6804.— *Dimorpha* Rudge, in *Trans. Linn. Soc.*, IX, t. 20. —*Adleria* Neck., *op. cit.*, n. 1286. Le port est peu différent de celui des véritables *Eperua*.

2. K., *Zwei Abhandl.*, 15, t. 3, fig. 4. — Walp., *Ann.*, II, 447.

3. Sm., in *Trans. Linn. Soc.*, IV, 221. — DC., *Prodr.*, II, 507.— Endl., *Gen.*, n. 6796. — Hook. F., *Niger*, 325, t. 34, 35.— H. Bn, in *Adansonia*, VI, 183. — B. H., *Gen.*, 580, n. 347 (nec Ehrh., nec Gmel.). — ?? *Pancovia* W., *Spec.*, II, 540 (ex Sm., in *Rees Cyclop.*, V, 26).

elles sont superposées aux sépales, et quatre aux pétales ; et c'est l'étamine qui serait superposée au grand pétale unique, qui vient à manquer. Les deux étamines qui répondent aux côtés de ce pétale sont
réduites à des languettes stériles. Il en résulte qu'on rencontre (fig. 83),
d'avant en arrière, dans cette fleur : une grande étamine, deux plus

Afzelia bracteata.

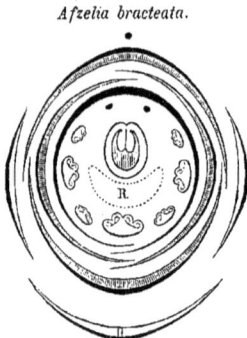

Fig. 83. Diagramme.

petites, deux grandes, deux petites étamines, puis deux staminodes. C'est du
côté de ceux-ci que s'insère le gynécée,
vers le bord postérieur de la cavité réceptaculaire (R). Il se compose d'un ovaire
multiovulé, surmonté d'un style enroulé
dans le bouton, terminé par une petite
tête stigmatifère. Le fruit est une gousse
épaisse, allongée, aplatie, partagée par
des fausses-cloisons transversales en autant de logettes qu'il y a de graines.
Celles-ci sont accompagnées à leur base
d'un arille coloré, développé en forme de
cupule profonde. L'*A. bracteata* est un arbre de l'Afrique tropicale
occidentale. Dans les fleurs de l'*A. africana*, espèce du même pays,
il n'y a pas de staminodes postérieurs. Dans celles de l'*A. madagas-
cariensis*, dont on avait fait le type d'un genre particulier, sous le
nom d'*Intsia* [1], le nombre des étamines est réduit à sept. Trois d'entre
elles ont des anthères bien développées et fertiles, savoir : deux latérales, superposées aux sépales latéraux, et l'antérieure. Mais, de chaque
côté de celle-ci, on ne trouve que deux staminodes, ou languettes
subulées, stériles ; et de chaque côté de la ligne médiane du pétale postérieur, se voient deux petites étamines dont les anthères existent, mais
avec des loges inégales, ou une seule loge, et sans pollen à l'intérieur [2].
En même temps la gousse, déhiscente en deux valves, a des parois plus
minces, des cloisons peu prononcées dans l'intervalle des graines ; ces
dernières sont dépourvues d'arille. Les *Afzelia* peuvent donc être groupés
en deux sous-genres. On en connaît une dizaine d'espèces [3], originaires
des régions tropicales de l'ancien monde. Leurs feuilles sont alternes,

1. Dup.-Th., *Nov. gen. madag.*, 22, n. 75.
—DC., *Prodr.*, II, 509,—Endl, *Gen.*, n. 6798.
—? *Pahudia* Miq., *Fl. ind.-bat.*, I, p. 1, 86.
— B. H., *Gen.*, 580, n. 346. (Les étamines
sont dites monadelphes dans ce dernier, comme
dans les *Parivoa*, du genre *Eperua*.)

2. Ce fait n'est peut-être pas constant.
3. Rich., Guill. et Perr., *Fl. Seneg. Tent.*,
I, 263, t. 57.— Colebr., in *Trans. Linn. Soc.*,
XII, t. 17. — A. Gray, *Bot. Unit. States expl.
Exp.*, t. 51. — Kl., in *Pet. Moss, Bot.*, 19. —
Walp., *Ann.*, II, 447; IV, 594, 608, 610.

pari- ou subimparipinnées, avec un petit nombre de folioles glabres et coriaces. Leurs fleurs sont réunies en grappes terminales, simples ou ramifiées. Chacune de leurs fleurs est située dans l'aisselle d'une bractée caduque, et accompagnée de deux bractées latérales, concaves, plus ou moins persistantes, trop peu développées pour entourer complétement le bouton.

Les *Didelotia*[1] présentent dans ce groupe le plus haut degré connu d'appauvrissement du périanthe. C'est à peine si l'on trouve, sur le bord de leur réceptacle concave, dix petites languettes de forme très-variable, représentant les cinq sépales et les cinq pétales alternes, et encore plusieurs d'entre elles peuvent manquer totalement ou devenir presque imperceptibles. Le rôle protecteur, dévolu d'ordinaire au périanthe, est ici rempli par les deux bractéoles latérales qui, s'appliquant bords à bords l'une contre l'autre, comme dans les *Berlinia*, *Vouapa*, *Humboldtia*, etc., enveloppent longtemps le bouton tout entier. L'androcée est formé de dix étamines périgynes, libres. Tantôt elles sont toutes fertiles, pourvues d'une anthère biloculaire et introrse; tantôt, au contraire, cinq d'entre elles, celles qui seraient superposées aux pétales, sont réduites à des filets stériles, plus ou moins développés. Le gynécée est celui des genres précédents, inséré de même sur le côté vexillaire du réceptacle; il devient une gousse stipitée, allongée, aplatie et bivalve, avec des graines sans albumen. Les *Didelotia* sont des arbres de l'Afrique tropicale. Leurs feuilles sont alternes, paripinnées, avec une ou quelques paires de folioles insymétriques, et des stipules peu développées et caduques. Leurs fleurs sont réunies en grappes à pédicelles courts, simples ou ramifiées, ordinairement terminales. On en connaît trois espèces[2].

La symétrie florale est aussi la même dans les Courbarils[3] que dans les *Schotia* ou les *Humboldtia*. Leur réceptacle, coriace et obconique, doublé d'un disque épais, porte aussi quatre sépales étroitement imbriqués, cinq pétales imbriqués, presque égaux entre eux, et dix étamines périgynes, libres, dont cinq alternes avec les pétales, et cinq, plus courtes, superposées. Leur gynécée, inséré latéralement sur le récep-

1. H. Bn, in *Adansonia*, V, 367, t. VIII. — B. H., *Gen.*, 1003, n. 351 a. — *Brachystegia* Benth., *Gen.*, 582, n. 351 ?
2. Benth., in *Trans. Linn. Soc.*, XXV, 311, t. 42, B.
3. *Hymenæa* L., *Gen*, n. 512. — J., *Gen*, 354. — Gærtn., *Fruct.*, II, 305, t. 139, 145. — Lamk, *Dict.*, II, 147; Suppl., II, 374; *Ill.*, t. 330. — DC, *Prodr.*, II, 511. — Hayn., *Arzneig.*, t. 6-19. — Spach, *Suit. à Buffon*, I, 122. — Endl., *Gen.*, n. 6788. — B. H., *Gen.*, 583, n. 354. — *Courbaril* Plum., *Gen.*, t. 36. — Adans., *Fam. des pl.*, II, 317. — *Jetaïba* Pis., *Brasil.*, 60 (ex Adans.).

tacle, plus ou moins près de son fond, est stipité, avec un ovaire pauci-ovulé, des ovules anatropes, descendants, et un style d'abord replié sur lui-même, terminé par une petite tête stigmatifère. Le fruit est obliquement obové ou oblong, aplati ou cylindrique, épais, coriace, presque ligneux et indéhiscent. Il renferme un nombre variable de graines, à téguments très-durs, et à embryon épais et charnu, dépourvu d'albumen; ces graines sont complétement enveloppées d'une sorte de pulpe, desséchée et farineuse [1].

Les *Hymenæa venosa* [2] et *verrucosa* [3], originaires, l'un de l'Amérique tropicale, l'autre de l'Afrique orientale, sont devenus les types des genres *Peltogyne* [4] et *Trachylobium* [5], que nous croyons pouvoir conserver comme section du genre Courbaril. Le premier a un stigmate plus dilaté

Hymenæa
(Trachylobium)
verrucosa.

Fig. 84. Fruit.

que celui des *Hymenæa* proprement dits et un fruit bivalve, comprimé, dont la suture dorsale est souvent, mais non constamment, prolongée en une aile étroite. Le dernier a les deux pétales anté-rieurs rudimentaires, et son ovaire est porté par un pied dont l'extrémité supérieure se dilate en une petite collerette frangée. Son fruit, indéhis-cent, souvent monosperme, est chargé de verru-cosités (fig. 84).

Ainsi constitué [6], le genre Courbaril renferme une douzaine d'espèces [7], dont deux appartiennent aux *Trachylobium* [8], et trois aux *Peltogyne* [9].

Toutes sont des arbres inermes, à feuilles alternes, formées chacune de deux folioles coriaces, insymétriques, à stipules caduques. Leurs fleurs sont disposées au sommet des rameaux en grappes ramifiées, décrites comme des panicules. Les bractées et les deux bractéoles qui répondent à chaque fleur se détachent ordinairement de très-bonne heure.

Les *Tachigali* [10] ont des fleurs qui présentent les caractères généraux

1. Formée d'un grand nombre de poils qui contiennent une substance résineuse et des grains de fécule en abondance.

2. VAHL, *Ecl. amer.*, II, 31. — DC., *Prodr.*, n. 2.

3. GÆRTN., *Fruct.*, II, 306, t. 139, fig. 7. — DC., *loc. cit.*, n. 3. — *Tanroujou* J., *Gen.*, 351, not.

4. VOG., in *Linnæa*, XI, 410. — ENDL., *Gen.*, n. 6787. — B. H., *Gen.*, 582, n. 353.

5. HAYN., *Arzneig.*, XI, t. 18, 19 (char.

sub t. 11). — B. H., *Gen.*, 583, n. 355.

6.
Hymenæa { 1. *Courbaril.*
Sect. 3. { 2. *Peltogyne.*
{ 3. *Trachylobium.*

7. WALP., *Rep.*, I, 846.

8. GÆRTN., *loc. cit.*, t. 139. — KL., in *Pet. Moss. Bot.*, t. 2.

9. H. B. K., *Nov. gen. et spec.*, VI, 323, t. 567.

10. AUBL., *Guian.*, 372, t. 143. — *Tachigalia*

de celles des genres précédents, mais qui sont dépourvues de bractéoles
latérales. Leur réceptacle a la forme d'un cornet, doublé intérieurement
de tissu glanduleux, et dont l'ouverture supérieure est oblique [1]. Sur ses
bords s'insèrent cinq sépales imbriqués [2] et cinq pétales alternes, également imbriqués. L'androcée est formé de dix étamines, superposées,
cinq aux sépales, et cinq aux pétales, insérées comme eux sur le bord du
réceptacle, et formées chacune d'un filet libre, souvent velu à la base,
réfléchi dans le bouton, et d'une anthère biloculaire, introrse, versatile,
déhiscente par deux fentes longitudinales. Le gynécée s'insère, comme
dans les *Amherstia, Schotia*, etc., sur la paroi postérieure du réceptacle ;
son ovaire est stipité, pluriovulé, surmonté d'un style à extrémité stigmatifère peu dilatée. Le fruit est une gousse oblongue ou allongée, comprimée, membraneuse, indéhiscente (?). Les graines, ovales, comprimées, ont l'embryon entouré d'un albumen. Les *Tachigali* sont des
arbres inermes de l'Amérique tropicale ; on en connaît quatre ou cinq
espèces [3]. Leurs feuilles sont alternes, paripinnées, accompagnées de
deux stipules souvent caduques. Leurs fleurs sont disposées en grappes
axillaires ou rapprochées elles-mêmes en grappes composées terminales. Avec l'insertion ovarienne qui caractérise le groupe des Amherstiées, ces plantes ont en même temps presque toute l'organisation florale
des *Sclerolobium*, dont le gynécée est central, et servent, par conséquent, de lien entre les deux séries.

Les *Schizolobium* [4] ont tout à fait la fleur des *Tachigali*, dont ils nous
paraissent, pour cette raison, inséparables, quoiqu'on les ait placés dans
une autre série, celle des Eucæsalpiniées, à cause de leurs feuilles
bipinnées. Le réceptacle à ouverture oblique, les sépales et les pétales
imbriqués, l'androcée décandre et l'insertion du gynécée pluriovulé sur
la paroi postérieure du réceptacle, sont tout à fait les mêmes dans les
deux genres. Le fruit est une gousse bivalve, aplatie, dont l'endocarpe,
sec et mince, se sépare de l'exocarpe et renferme une graine comprimée,
à embryon coloré, entouré d'un albumen corné abondant. Ce genre

J., *Gen.*, 349. — LAMK, *Dict.*, VII, 550 ; *Ill.*,
t. 339. — DC., *Prodr.*, II, 487. — ENDL., *Gen.*,
n. 6752. — B. H., *Gen.*, 582, n. 352. — *Cubava*
SCOP., ex SCHREB., *Gen.*, 278. — *Tachia* PERS.,
Syn., I, 459 (nec AUBL.). — *Valentinia* NECK.,
Elem., n. 1283. — *Tassia* RICH. (ex ENDL.).

1. C'est son bord postérieur qui est le plus
élevé. Le plan de son ouverture se dirige donc
obliquement en bas et en avant. Il en résulte
une courbure générale du bouton, dont les sépales se portent en dehors par leur portion

supérieure. Cette même forme de massue courbe
se retrouve dans le bouton des *Schizolobium*.

2. Ordinairement en quinconce, le sépale 2
étant antérieur, et les sépales 1 et 3 postérieurs.

3. PŒPP. et ENDL., *Nov. gen. et spec.*,
t. 265. — MIQ., *Stirp. surin.*, t. 3. — TUL.,
in *Arch. Mus.*, IV, 160-168.. — WALP., *Rep.*,
I, 845 ; V, 569 (part.) ; *Ann.*, II, 448.

4. VOG., in *Linnœa*, XI, 399. — ENDL.,
Gen., n. 6760. — B. H., *Gen.*, 569, n. 318.

renferme une ou deux espèces de l'Amérique tropicale [1]. Leurs feuilles
sont composées d'un grand nombre de petites folioles. Leurs fleurs sont
réunies en grappes simples, axillaires, ou ramifiées, terminales; elles
sont aussi dépourvues de bractéoles latérales. Les *Schizolobium*, par leur
feuillage, rattachent aux Eucæsalpiniées les Amherstiées, que les *Tachigali* relient d'autre part aux Sclérolobiées [2].

V. SÉRIE DES BAUHINIES.

Les Bauhinies [3] (fig. 85, 86) ont les fleurs hermaphrodites ou polygames, pentamères ou, plus rarement, tétramères. Dans celles des
espèces du genre, dont la fleur est aussi complète que possible, et souvent presque régulière, on observe un calice et une corolle pentamères [4], et dix étamines libres, superposées, cinq aux divisions du calice,
et cinq aux pétales. Toutes ces parties sont insérées sur un réceptacle
plus ou moins concave, doublé d'un disque glanduleux. Le calice est
tubuleux [5], gamosépale, partagé supérieurement en cinq dents, valvaires
ou imbriquées dans le bouton. Ordinairement, il se partage lors de l'anthèse en un certain nombre de portions limitées par des fentes longitudinales; et souvent il s'ouvre en une seule pièce spathiforme, parce
qu'il ne présente qu'une de ces fentes, plus ou moins complète. Les
pétales sont, ou presque égaux entre eux, ou inégaux, le vexillaire se
trouvant plus petit, plus grand, ou différant des autres par la couleur et

---

1. TUL., in *Arch. Mus.*, IV, 157. — WALP.,
Rep., V, 557.
2. On place avec doute parmi les Amherstiées
le genre *Westia* (VAHL, in *Skriv. Nat. Selsk.*,
VI, 117), genre fort mal connu, formé de deux
(?) espèces de l'Afrique tropicale, rapportées
par certains auteurs (ENDL., *Gen.*, 1427,
n. 6797) au genre *Vouapa*, non sans hésitation,
et dont MM. BENTHAM et HOOKER (*Gen.*, 583,
n. 356) donnent la caractéristique suivante :
« *Calycis* ? (*corollæ*, VAHL) *tubus discifer
elongatus; segmenta* (4 ?) *spathulata, imbricata* (*Petala* 0 ?). *Stamina* 10, *libera. Ovarium
stipitatum ∞ -ovulatum. Legumen stipitatum,
e stipite erecto horizontali compressum coriaceum, suturis incrassatis. — Arbor. Folia
imparipinnata; foliolis paucijugis coriaceis.
Flores majusculi racemosi; racemis in pani-
culam terminalem dispositis. Bracteæ ovatæ.
Bracteolæ (calyx diphyllus, VAHL) amplæ,*

*ante anthesin flores includentes, alabastro
clavato.* »
3. *Bauhinia* PLUM., *Nov. gen.*, t. 13. — L.,
Gen., n. 511.— ADANS., *Fam. des pl.*, II, 317.
— J., *Gen.*, 351. — LAMK, *Dict.*, I, 388;
Suppl., I, 598; *Ill.*, t. 329.— K., in *Ann. sc.
nat.*, sér. 1, I, 84. — DC., *Prodr.*, II, 512.—
SPACH, *Suit. à Buffon*, I, 123. — ENDL., *Gen.*,
n. 6790. — B. H., *Gen.*, 575, n. 333 (incl. :
Casparia K., *Amaria* MUT., *Schnella* RADD.,
Caulotretus RICH., *Lacara* SPRENG., *Perlebia*
MART., *Pauletia* CAV., *Phanera* LOUR., *Pileostigma* HOCHST., *Lasiobema* MIQ.). — *Caus-
chenopou* RHEED. (ex ADANS.).
4. Il y a souvent des fleurs tétramères, et cela
parfois sur les mêmes pieds que les fleurs à cinq
parties.
5. Doublé d'une couche glanduleuse, souvent
très-mince, plus rarement épaissie, surtout vers
les bords.

la forme. Leur préfloraison est imbriquée, de telle façon que le pétale vexillaire est enveloppé [1] par les deux pétales latéraux, recouverts à leur tour par les pétales antérieurs. Les étamines sont disposées sur deux verticilles; cinq, plus grandes, sont alternes avec les pétales, et cinq autres, superposées. Chacune des étamines est formée d'un filet et d'une anthère biloculaire, introrse, déhiscente par deux fentes longitudinales [2]. Le gynécée est supporté par un pied, de longueur variable, inséré, tantôt au fond du réceptacle, comme dans les Sclérolobiées, et tantôt plus ou moins haut sur la paroi interne du réceptacle, comme dans les Amherstiées, mais du côté antérieur et non postérieur, comme dans ces dernières. L'ovaire est uniloculaire et renferme un nombre variable [3] d'ovules descendants, portés par un placenta situé du côté du pétale vexillaire [4]. Il est surmonté d'un style dont le

Bauhinia (Casparia) porrecta.

Fig. 85. Inflorescence ($\frac{2}{7}$).

sommet stigmatifère se dilate plus ou moins en une tête terminale ou oblique. Le fruit est une gousse, de forme très-variable, indéhiscente ou bivalve, à cavité continue ou partagée par de fausses-cloisons plus ou moins épaisses, en autant de fausses-loges qu'il y a de graines. Celles-ci renferment, sous leurs téguments, un embryon charnu qu'entoure un albumen plus ou moins épais.

Les *Bauhinia* qui sont organisés de la façon que nous venons de dire,

1. Parfois un seul de ses bords est recouvert. Quand le pétale vexillaire vient à manquer, c'est un seul sépale qui tient, en arrière, la place des deux sépales postérieurs de la fleur pentamère et résupinée, et le placenta se trouve superposé à ce sépale.

2. Souvent le sommet du filet est replié en dedans dans le bouton. Les anthères sont ordinairement versatiles.

3. Souvent indéfini ; ils sont disposés sur deux rangées, descendants et anatropes, ou incomplétement campylotropes, avec le micropyle supérieur et extérieur. Certaines espèces n'ont que deux ou trois ovules dans chaque fleur.

4. Tandis que ce rapport de position ne change pas, et demeure ici ce qu'il est dans les Légumineuses en général, le gynécée, lorsque son insertion se fait sur les parois latérales du tube réceptaculaire, est porté du côté antérieur de la fleur (voy. *Adansonia*, fasc. 7). Il en résulte que la cavité, quelquefois très-prononcée, que forme le réceptacle, au-dessous de l'insertion du podogyne, se trouve interposée au bord placentaire de l'ovaire et au pétale vexillaire; disposition contraire à celle qui s'observe dans les Amherstiées, dont le cornet réceptaculaire est interposé aux pétales antérieurs et au gynécée inséré en arrière sur la paroi vexillaire du réceptacle.

ont été rangés dans sept sections que plusieurs auteurs ont considérées comme formant des genres distincts. Les uns ont le gynécée inséré au fond du réceptacle : ce sont les *Adenolobus* [1], *Pauletia* [2], *Perlebia* [3], *Pileostigma* [4] et *Schnella* [5]. Les autres l'ont porté latéralement sur la paroi réceptaculaire : tels sont les *Amaria* [6] et les *Lysiphyllum* [7]. Les espèces dont l'androcée est toujours composé en partie d'étamines stériles, forment les sections *Casparia* [8], *Loxocalyx*, *Phanera* et *Lasiobema*. Dans les premiers, l'étamine superposée au carpelle est seule bien développée, très-grande (fig. 86). Les autres sont monadelphes, tout à fait stériles, ou rarement fertiles, au nombre de deux, trois ou quatre, vers le côté postérieur de la fleur [9]. Dans les *Loxocalyx* [10], il y a trois étamines fertiles ; les autres sont stériles, et le calice est incurvé. L'insertion du gynécée est excentrique, tandis qu'elle est centrale dans les *Casparia*. Il en est de même dans les *Phanera* [11], quant à la situation

1. HARV. et SOND., *Fl. cap.*, II, 275. Dans l'espèce unique qui forme cette section, le calice ne porte que cinq dents. Les étamines sont au nombre de dix.

2. CAV., *Icon.*, V, 5, t. 409, 410. Cette section renferme une quarantaine d'espèces américaines, et huit ou neuf espèces de l'Asie ou de l'Afrique tropicales. Leur calice s'ouvre presque jusqu'à la base par cinq fentes, ou en une seule pièce et par une seule fente longitudinale. Les étamines sont toutes fertiles. Plus rarement les cinq étamines oppositipétales ou l'étamine vexillaire seule sont stériles. Les feuilles sont entières ou bilobées, portées par des tiges grêles, inermes ou chargées d'aiguillons. (JACQ., *Amer.*, t. 177 ; *Fragm.*, t. 15, fig. 1. — BONG., in *Mem. Acad. petrop.*, sér. 6, IV, t. 4-7. — DC., *Prodr.*, II, 513.—HOOK., in *Bot. Misc.*, II, t. 91 ; in *Bot. Mag.*, t. 3741.—MORIC., *Pl. nouv. amér.*, t. 51, 52. — REICHB., *Icon. exot.*, t. 180.— KORTH., *Verh. Nat. Gesch. Bot.*, t. 9.)

3. MART., *Reis.*, I, 555. Dans cette espèce brésilienne, la gousse présenterait des fausses-cloisons entre les graines.

4. HOCHST., in *Flora* (1846), 528. Calice des *Pauletia*, souvent déhiscent par une seule fente longitudinale. Dix étamines fertiles, libres ou légèrement monadelphes. Gousse coriace ou presque ligneuse, indéhiscente ou tardivement bivalve. Caractères de végétation des *Pauletia*. Six ou sept espèces de l'Asie et de l'Afrique tropicales. (HOOK., *Icon.*, t. 144.—GUILL. et PERR., *Fl. Seneg. Tent.*, I, 226, t. 60. — FIELD. et GARDN., *Sert. pl.*, t. 10.)

5. RADD., *Pl. bras. add.*, 33, fig. 4. — *Caulotretus* RICH., ex SPRENG., *Syst., Cur. post.*, 406. — ENDL., *Gen.*, n. 6789. — *Lacara* SPRENG., *Syst.*, II, 332. — *Tylotœa* VOG., in *Linnœa*, XIII, 312. Le calice est ventru, à cinq

lobes ou à cinq dents, étroitement imbriqués. Les dix étamines sont fertiles. Le fruit est aplati, coriace et déhiscent, ou membraneux et indéhiscent. Les feuilles sont bilobées ou à deux folioles. Les quinze espèces connues sont des lianes grimpantes, à grappes simples. Toutes habitent l'Amérique tropicale. (AUBL., *Guian.*, t. 144, 145. — K., in *Ann. sc. nat*, sér. 1, I, 48 ; *Mimos.*, t. 469. — H. B. K., *Nov. gen. et spec.*, VI, 319.— BONG., in *Mem. Acad. petrop.*, sér. 6, VI, 109.— JACQ., *Amer.*, t. 173, fig. 3. — LINDL., in *Bot. Reg.*, t. 1133. — MORIC., *Pl. nouv. amér.*, t. 53. — MIQ., *Stirp. surin.*, t. 2.)

6. MUT., in DC. *Prodr.*, II, 519. Dans le *B. petiolata* (*Amaria petiolata* MUT.), MUTIS donne les étamines comme monadelphes à la base, et le gynécée comme inséré latéralement, et stipité.

7. BENTH., *Fl. austral.*, II, 295.

8. K., in *Ann. sc. nat.*, sér. 1, I, 85. — ENDL., *Gen.*, n. 6791.

9. Cette section renferme sept ou huit arbres ou arbustes inermes, dressés, à feuilles entières ou bilobées. La gousse est coriace, souvent étroite, bivalve. Les *Casparia* habitent le Mexique et les Antilles. (L., *Hort. Cliff.*, t. 15. — MILL., *Icon.*, t. 61. — CAV., *Icon.*, t. 404-407. — JACQ., *Hort. schœnbr.*, t. 100. — H. B. K., *Nov. gen. et spec.*, VI, 319.— HOOK., in *Bot. Mag.*, t. 1708.)

10. BENTH., *Gen.*, 576, 6. Section formée d'un seul espèce grimpante, pourvue de cirres, à fleurs réunies en grappes simples ou bifurquées, à gousse allongée, coriace, bivalve. Elle habite l'Asie tropicale (*B. macrostachya* WALL., *Cat.*, n. 5774 ; — *B. scandens* ROXB., *Fl. ind.*, II, 326).

11. LOUR., *Fl. cochinch.*, 46.—*Symphyopodu*

du pistil. Mais le calice s'y sépare en longues lanières jusqu'à la base, tandis qu'il n'est que brièvement quinquéfide dans les *Loxocalyx*. Dans les *Lasiobema* [1], le réceptacle est peu pro-fond, et les étamines sont souvent réduites au nombre de cinq, les trois antérieures étant seules fertiles. Le gynécée, souvent paucio-vulé, est accompagné en arrière d'une grosse glande de forme variable.

Bauhinia (Casparia) porrecta.

Ainsi constitué [2], le genre *Bauhinia* est formé d'environ cent vingt-cinq espèces [3] d'arbres et d'arbustes, dressés ou grimpants, qui habitent toutes les régions tropicales du globe. Leur tige est souvent aplatie, déformée [4], et des vrilles ou cirres simples accompagnent fré-quemment la base de leurs inflorescences. Leurs feuilles sont alternes, simples, à nervures basi-laires digitées, en nombre variable; entières ou bilobées, plus rarement bifioliolées, le pé-

Fig. 96. Fleur.

tiole se prolongeant en pointe entre les deux folioles, qui sont symé-triques l'une de l'autre; les stipules sont latérales, de forme variable,

DC., *Mém. Légum.*, XIII, t. 70; *Prodr.*, II, 515. Les étamines fertiles sont au nombre de quatre ou cinq; les autres sont stériles ou man-quent totalement. La gousse est coriace, bivalve. Cette section renferme une quarantaine d'es-pèces de l'Asie et de l'Afrique tropicales, et du Cap. Ce sont des arbustes sarmenteux, pourvus de cirres, ou dressés, inermes, à feuilles en-tières ou bilobées. (VAHL, *Symb. bot.*, III, t. 62. — WIGHT, *Icon.*, t. 263, 264.—WALL., *Pl. asiat. rar.*, t. 253. — KORTH., *Verh. Nat. Gesch. Bot.*, t. 10, 11, 23, 24.— BENTH., in *Pl. Jungh.*, 263 (part.); *Fl. hongk.*, 99. — HARV. et SOND., *Fl. cap.*, II, 375 [*B. Burkeana*].)

1. KORTH., ex MIQ., *Fl. ind.-bat.*, I, p. 1, 71. Cette section pourrait, à la rigueur, être élevée au rang de genre. Les fleurs y ont un ré-ceptacle bien peu profond. Dans le *L. anguinea* GRIFF., le calice est gamosépale, à cinq dents. Les pétales sont nettement imbriqués; le pétale vexillaire est recouvert. Il y a cinq étamines alternipétales, et les trois antérieures seules ont une anthère fertile, introrse. Les deux étamines postérieures sont de courtes languettes qui peu-vent même manquer. Entre ces deux languettes, sur la ligne médiane, et contre le bord placen-taire de l'ovaire, se voit une grosse glande pro-éminente. L'ovaire stipité a une insertion légè-rement excentrique; il renferme deux ovules descendants, anatropes, et est surmonté d'un style

subulé, arqué. Les fruits sont courts, aplatis, in-déhiscents. Les *Lasiobema* sont des arbustes grim-pants, cirrifères, à tige comprimée, ondulée, à feuilles entières et bilobées, à fleurs petites, nom-breuses, disposées en grappes ramifiées. On n'a décrit qu'une espèce de cette section (ROXB., *Pl. coromand.*, t. 285). Par ce que nous venons de voir, le *Lasiobema* sert d'intermédiaire aux *Bauhinia* proprement dits et aux *Sindora* et *Detarium*, de la série des Copaïférées.

2.

	1. *Pauletia*.
	2. *Perlebia*.
	3. *Adenolobus*.
	4. *Schnella*.
Bauhinia	5. *Pileostigma*.
Sect. 11.	6. *Lysiphyllum*.
	7. *Amaria*.
	8. *Casparia*.
	9. *Loxocalyx*.
	10. *Phanera*.
	11. *Lasiobema*.

3. DC., *Prodr.*, II, 512. — GRISEB., *Fl. brit. w. Ind.*, 213. — HARV. et SOND., *Fl. cap.*, II, 275, 596. — BOLLE, in *Pet. Moss. Bot.*, I, 22. — WALP., *Rep.*, I, 847; II, 904; V, 572; *Ann.*, I, 258; II, 448; IV, 602.

4. Voy. SCHLEID., *Grundz.*, éd. 3, II, 167, fig. 151. — LINDL., *Introd. to Bot.*, 78,

souvent petites et caduques. Les fleurs sont disposées en grappes simples, axillaires ou terminales, ou en grappes ramifiées terminales.

Les *Griffonia* [1] sont très-voisins des *Bauhinia*. Ils s'en distinguent par
leur calice presque campanulé, inséré en haut d'un réceptacle tubuleux,
et imbriqué dans le bouton. Leurs cinq pétales sont presque égaux et
également imbriqués; leurs dix étamines, insérées sur la gorge du
réceptacle, sont libres, fertiles, à anthères introrses, biloculaires, versatiles; leur gynécée est aussi inséré sur le bord du tube réceptaculaire,
mais du côté opposé à celui qu'occupe le pétale vexillaire. Son ovaire,
longuement stipité, renferme des ovules en nombre indéfini, insérés sur
un placenta qui est situé du côté de la cavité du réceptacle; il est surmonté d'un style court, atténué au sommet. Le fruit est une gousse
stipitée, obliquement oblongue, turgide, bivalve, oligosperme. Les
Griffonia sont des arbustes grimpants, de l'Afrique tropicale occidentale.
Leurs feuilles sont alternes, simples, coriaces. Leurs fleurs sont réunies
en grappes simples ou composées, terminales et axillaires, ou, dans ce cas,
plus ou moins supra-axillaires. On en connaît deux ou trois espèces [2].

Cercis Siliquastrum.

Fig. 87. Inflorescence.

Fig. 88. Fleur, coupe longitudinale ($\frac{4}{1}$).

Les Gaîniers [3] (fig. 87-91) ont les fleurs assez analogues à celles des
Bauhinia, avec un réceptacle concave, obliquement turbiné, doublé

fig. 35. — A. Rich., *Elém.*, éd. 9, I, 85. —
Duch., *Elém.*, 166, fig. 77: — Netto (L.), in
Ann. sc. nat., sér. 4, XX, 177; in *Compt.
rend. Acad. sc.*, 14 mai 1866.

1. H. Bn, in *Adansonia*, VI, 188, t. II (nec
B. H.). — *Bandereia* Welw., ex B. H., *Gen.*,
577, 1003, n. 335.

2. H. Bn, *loc. cit.*, 229.—Benth., in *Trans.
Linn. Soc.*, XXV, 30, t. 40. (Malgré la date

imprimée sur ce recueil, sa publication est bien
postérieure à celle du *Genera* de MM. Bentham
et Hooker, dans lequel figure, pour la première fois, le nom générique de *Bandereia*.
L'antériorité appartient donc de toute façon au
nom de *Griffonia*.)

3. *Cercis* L., *Gen.*, n. 510. — J., *Gen.*,
351. — Gærtn., *Fruct.*, II, 303, t. 144. —
Lamk, *Dict.*, II, 585; Suppl., II, 694; *Ill.*,

intérieurement d'un disque glanduleux à rebord épaissi. Le calice est gamosépale, vésiculeux, renflé au côté antérieur. Il est divisé, seulement en haut, en cinq dents ou crénelures obtuses, imbriquées dans le bouton très-jeune. La corolle est formée de cinq pétales, semblables de forme aux pièces d'une corolle papilionacée, mais disposés dans le bouton de telle façon que le pétale postérieur, le plus petit de tous, est enveloppé par les deux pétales latéraux, recouverts eux-mêmes par les deux antérieurs. Chaque pétale se compose d'un limbe presque auriculé à sa base et d'un onglet allongé. Les étamines sont libres, disposées sur deux verticilles ; elles se composent d'un filet décliné, à insertion périgynique, et d'une anthère biloculaire, introrse, déhiscente par deux fentes longitudinales. Le gynécée, inséré près du fond du réceptacle [1], mais recourbé du côté antérieur, dans la fleur épanouie, se compose d'un ovaire, supporté par un pied court, renfermant des ovules anatropes [2], disposés sur deux rangées verticales le long de la paroi postérieure de l'ovaire, et

Cercis Siliquastrum.

Fig. 90. Graine (⁴⁄₇).

Fig. 89. Fruit.   Fig. 91. Graine, coupe longitudinale.

surmonté d'un style arqué, à tête stigmatifère dirigée en arrière. Le fruit est une gousse étroite, allongée, stipitée, bordée du côté du placenta par une étroite côte longitudinale ; déhiscente d'abord suivant son bord dorsal, et plus tard, mais non constamment, suivant le bord postérieur. Les graines, supportées par un petit funicule, renferment sous leurs téguments un embryon coloré, entouré d'un albumen épais et presque corné [3]. Les Gaîniers sont des arbres ou des arbustes inermes, qui habitent l'Europe, l'Asie tempérée et l'Amérique du Nord ; on en compte

t. 328. — DC., *Prodr.*, II, 518. — SPACH, *Suit. à Buffon*, I, 124.—ENDL., *Gen.*, n. 6750. — B. H., *Gen.*, 576, n. 334. — *Siliquastrum* CESN. — T., *Instit.*, 646, t. 414. — ADANS., *Fam. des pl.*, II, 317.

1. Dans le *C. canadensis*, il y a une bien plus large étendue de la fosse réceptaculaire, entre le pied du gynécée et le pétale vexillaire, que de l'autre côté du réceptacle ; et c'est,

comme dans les *Bauhinia* et les *Griffonia*, du côté de cette plus large dépression que sont insérés les ovules. (Voy. *Adansonia*, IX, 223.)

2. Ils ont deux enveloppes, et leur micropyle est extérieur et supérieur.

3. La saillie chalazique qu'on observe en bas de la graine, dans les figures 90, 91, est le résultat d'une hypertrophie, non constante dans cette région, du tégument séminal extérieur.

trois ou quatre espèces [1]. Leurs feuilles sont alternes, simples, entières
ou bilobées, accompagnées de deux stipules latérales, membraneuses ou
écailleuses, caduques. Leurs fleurs sont réunies en grappes courtes,
simples ou composées (fig. 87), insérées sur les rameaux ou sur des
surfaces saillantes et rugueuses du tronc et des branches [2].

VI. SÉRIE DES CASSES.

Les Casses [3] (fig. 92-105) ont les fleurs hermaphrodites et irrégulières. Leur réceptacle est, ou légèrement convexe, ou à peu près plan

Cassia floribunda.

Fig. 92, Port ($\frac{1}{7}$).

au sommet, ou encore légèrement concave. Le calice est formé de cinq
sépales, presque toujours inégaux et disposés dans le bouton en préfloraison quinconciale. Comme la fleur est résupinée, l'un d'eux est anté-

---

1. Duham., *Arbr.*, t. 1.— Sibth., *Fl. græc.*,
t. 367. — Hook., in *Bot. Mag.*, t. 1198. —
V. Houtte, *Fl. des serres*, VIII, t. 849. —
A. Gray, *Unit. States expl. exped., Bot.*, II,
t. 3. — Walp., *Rep.*, I, 808.
2. Ces surfaces répondent à d'anciennes ais-
selles de feuilles. Là, comme dans les broussins,
de nombreuses générations d'inflorescences se
succèdent tous les ans; et leurs axes, demeurant
très-courts, se confondent graduellement les uns
avec les autres en une masse plus ou moins
proéminente. On a donc affaire, dans ce cas, à
une série d'inflorescences successives localisées.

3. *Cassia* T., *Inst.*, 619, t. 392.— L., *Gen.*,
n. 514. — Adans., *Fam. des pl.*, II, 317. —
J., *Gen.*, 348.—Gærtn., *Fruct.*, II, 313, t. 146,
147. — Lamk, *Dict.*, I, 641; Suppl., II,
124; *Ill.*, t. 332. — DC., *Prodr.*, II, 489. —
Collad., *Monogr. des Casses*, Montpell., 1816,
icon. — Spach, *Suit. à Buffon*, I, 113. —
Vogel, *Syn. gen.* Cassiæ, in *Linnæa*, XI, 651.
— Endl., *Gen.*, n. 6781. — B. H., *Gen.*, 571,
1003, n. 326 (incl. : *Herpetica* Rumph., *Bacty-*
rilobium W., *Cathartocarpus* Pers., *Chamœ-*
crista E. Mey. (nec DC.), *Grimaldia* Schr., *Psilo-*
rhegma Vog., *Macleaya* Montrouz., *Senna* T.).

rieur ; c'est le sépale 1, ordinairement le plus petit de tous, ainsi qu'on peut le voir facilement dans quelques-unes des espèces de Casses cultivées communément dans nos parterres, notamment le *C. floribunda* [1] (fig. 92-95). Il enveloppe totalement les deux sépales latéraux, qui sont les sépales 4 et 3, l'un complétement recouvert, l'autre recouvert par l'un de ses

Cassia floribunda.

Fig. 93. Fleur ($\frac{1}{4}$).　Fig. 94. Diagramme.　Fig. 95. Fleur, coupe longitudinale.

bords, et recouvrant par l'autre le sépale 5, qui est postérieur ainsi que le sépale 2, ce dernier tout à fait enveloppant. Le sépale 2 est un peu plus grand que le sépale 1, tandis que les folioles 4 et 5 du calice sont de beaucoup les plus minces et les plus larges [2]. La corolle est formée de cinq pétales, alternes avec les sépales, inégaux ou presque égaux entre eux, et dont un, le postérieur, tout à fait enveloppé dans le bouton, et dit le pétale vexillaire, est ordinairement le plus dissemblable aux autres, tandis que les pétales latéraux qui l'enveloppent sont symétriques l'un à l'autre, et que les deux pétales antérieurs, recouvrant les latéraux, sont recouverts l'un par l'autre selon celui de leurs bords qui est tourné du côté antérieur de la fleur (fig. 94). L'androcée se compose de deux verticilles quinaires d'étamines, superposées, cinq aux sépales, et cinq aux pétales. Des cinq premières, trois sont fertiles et superposées aux trois sépales antérieurs ; ce sont ordinairement les plus grandes de toutes. Des cinq étamines oppositipétales, les quatre antérieures sont fertiles, mais d'une taille relativement peu considérable. La cinquième est, comme les deux étamines alternipétales postérieures, représentée par une petite palette membraneuse et stérile. Dans les sept étamines fertiles, on distingue le filet, à insertion hypogynique, libre, presque toujours d'autant plus

---

1. CAV., ex COLLAD., *op. cit.*, 88. — DC., *Prodr.*, n. 22. — *C. corymbosa* ORT., Dec.124.

2. Sur la symétrie florale des *Cassia*, voy. H. BN, in *Adansonia*, IX, 212.

long et plus arqué, que l'étamine à laquelle il appartient est plus antérieure ; et l'anthère, basifixe, tétragonale, biloculaire, d'abord partagée en
quatre logettes, et s'ouvrant près de son sommet, conformé en un bec de
forme variable, par deux fentes courtes qui se réunissent par leur extrémité supérieure, et limitent ainsi un petit panneau triangulaire intérieur,
à base inférieure [1]. L'ovaire, supporté par un pied plus ou moins long
et arqué, est surmonté d'un style atténué à son sommet, plus rarement
renflé, capité ou cilié au niveau de sa portion stigmatifère [2]. La loge
ovarienne présente sur sa paroi postérieure un placenta longitudinal, à
deux lèvres verticales, portant chacune une rangée d'ovules en nombre
indéfini, anatropes, avec le micropyle ramené latéralement en dehors
de leur point d'insertion [3]. Le fruit est une gousse dont la forme, l'épaisseur, la consistance sont très-variables dans le genre *Cassia* : tantôt
déhiscente, et tantôt indéhiscente, à graines en nombre indéfini, entre

Cassia (Senna) obovata.

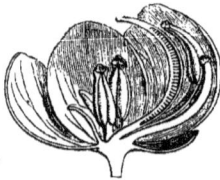

Fig. 96. Fleur, coupe longitudinale (⅔).

lesquelles le péricarpe s'avance ou s'hypertrophie plus ou moins, pour former autant
de logettes, dans chacune desquelles on trouve
une graine funiculée, transversale ou oblique,
à téguments d'épaisseur variable, doublés en
dedans d'un albumen épais, charnu ou corné,
enveloppant un embryon, à radicule droite et
à cotylédons parallèles et plans, ou ondulés.
Les espèces, au nombre d'au moins deux
cents [4], qui devront être conservées dans ce genre, peuvent présenter,
dans les fleurs [5] et les fruits, d'assez grandes dissemblances avec celles
dont nous venons de décrire l'organisation ; et c'est d'après ces caractères qu'on a pu distinguer dans le genre *Cassia* un certain nombre
de sections, considérées comme des genres par plus d'un auteur.

Ainsi les Sénés [6] (fig. 96-102) ont, avec sept étamines fertiles,

1. Le pollen est formé de grains allongés,
portant trois sillons, et rarement un ou deux.
Dans le genre *Cassia*, M. H. MOHL (in *Ann. sc.
nat.*, sér. 2, III, 342) distingue des espèces dont
les grains mouillés deviennent des sphères à
trois bandes unies (*C. Trinitatis*), et des espèces
à bandes papilleuses (*C. biflora, lævigata, ma-
ïndica*).

2. Dans le *C. floribunda*, le sommet du style
long cône étroit et creux, avec une petite
ou une terminale en forme de pore.

3. Ils ont deux enveloppes.

4. H. B. K., *Nov. gen. et spec.*, VI, 337. —
BENTH., *Fl. austral.*, II, 280.— HARV. et SOND.,
Fl. cap., II, 271. — WALP., *Rep.*, I, 812 ; II,

904 ; V, 559 ; *Ann.*, I, 257 ; II, 443 ; IV,
595.

5. Nous avons pu étudier le développement
de la fleur et la symétrie de ses parties dans le
C. floribunda, et nous avons vu (in *Adansonia*,
IX, *loc. cit.*) que cette fleur comporte deux plans
de symétrie, lesquels se coupent suivant un
angle de 36°. L'un deux n'appartient qu'au
calice quinconcial, et passe entre les sépales
1 et 3, en coupant en deux le sépale 2. L'autre
plan est antéro-postérieur ; il partage le gynécée,
l'androcée et la corolle en deux moitiés symé-
triques.

6. *Senna* GÆRTN., *Fruct.*, II, 312, t. 146. —
ROXB., *Fl. ind.*, II, 339. — BATKA, in *Bot.*

dont les antérieures sont les plus développées, des fruits bivalves, ou souvent déhiscents d'une façon incomplète, et des graines aplaties dans le sens vertical ou horizontal. On les a divisés en *Chamœsenna* [1], dont le

Cassia (Senna) obovata

Fig. 97. Port ($\frac{1}{4}$).

fruit bivalve, très-aplati, souvent membraneux, renferme des graines comprimées elles-mêmes parallèlement aux valves; en *Chamœfistula* [2], dont la gousse s'ouvre incomplétement et renferme des graines aplaties horizontalement; et en *Prososperma* [3], dont la gousse, étroite, cylindroïde, renferme des semences allongées, polyédriques.

Les *Cathartocarpus* [4] (fig. 103-105) ont au contraire des fruits cylin-

Zeit. (1854), 12; *Mon. der Cassien Gruppe Senna*, Prague (1866). — BENTH., *Gen.*, 572, 2. M. BENTHAM y adjoint la section *Herpetica* (DC., *Prodr.*, II, 492).

1. DC., *loc. cit.*, 493, sect. V. — JACQ., *Icon.*, t. 74, 460; *Hort. schœnbr.*, t. 203, 270. — K., *Mimos.*, t. 41-43. — COLLAD., *op. cit.*, t. 3, 7, 11. — BISCH., in *Bot. Zeit.* (1850), t. 10. — *Bot. Mag.*, t. 810, 1829, 2638. — *Bot. Reg.*, t. 109, 1310.

2. DC., *loc. cit.*, 490, sect. II. — JACQ.,

Icon., t. 70-73. — K., *Mimos.*, t. 38-40. — COLLAD., *op. cit.*, t. 5, 6, 8, 10, 12, 13. — SWEET, *Fl. austral.*, t. 32. — *Bot. Mag.*, t. 633. — *Bot. Reg.*, t. 83, 856.

3. VOG., *loc. cit.* — JACQ., *Icon.*, III, t. 459.

4. PERS., *Syn.*, I, 459. — *Bactyrilobium* W., *Enum. hort. berol.*, 439. — *Fistula* DC., *loc. cit.*, 489, sect. I. — GÆRTN., *Fruct.*, II, 313, t. 147. — WIGHT, *Illustr.*, t. 83; *Icon.*, t. 252, 269. — COLLAD., *op. cit.*, t. 1. — HANBURY, in *Trans. Linn. Soc.*, XXIV, t. 26.

driques, ou à peu près, à paroi très-épaisse, ligneuse, indéhiscente, et à cavité séparée par des fausses-cloisons transversales, résistantes, eu loges peu élevées, renfermant chacune une graine, aplatie de haut eu bas et plus ou moins nummiforme. Ici les étamines sont toutes fertiles ; mais les trois antérieures ont des anthères plus développées, et surtout des filets beaucoup plus allongés [1].

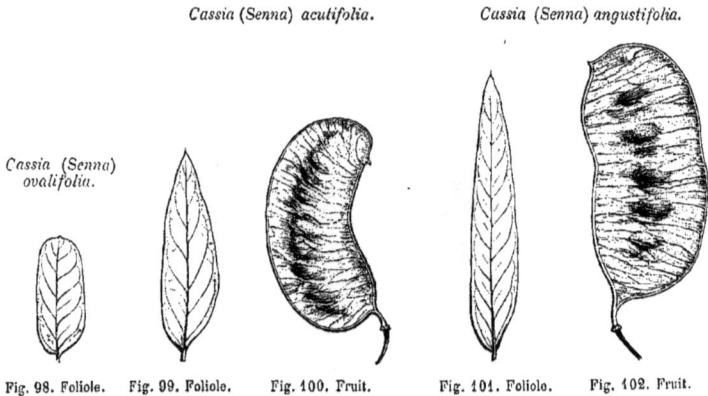

Cassia (Senna) acutifolia.

Cassia (Senna) angustifolia.

Cassia (Senna) ovalifolia.

Fig. 98. Foliole.   Fig. 99. Foliole.   Fig. 100. Fruit.   Fig. 101. Foliole.   Fig. 102. Fruit.

Les *Absus* [2] sont des Casses dont les dix étamines sont toutes fertiles, à peu près égales entre elles, pourvues de filets courts et d'anthères déhiscentes par deux fentes courtes, voisines du sommet. Leur gousse est aplatie, bivalve ; et leurs graines, souvent obliques, sont comprimées parallèlement aux valves.

On a nommé *Psilorhegma* [3] d'autres Casses dont les dix étamines sont aussi fertiles et analogues à celles des *Absus*, et dont la gousse est comprimée, déhiscente en deux valves ; mais leurs graines sont transversales.

Quant aux *Chamæcrista* [4], leurs fleurs sont à peu près celles des

1. Les filets sont dilatés en un appendice globuleux, vers le milieu de leur longueur, dans les étamines antérieures des *C. Brewsteri* F. MUELL., *javanica* L., *Spec.*, 542 (part.).— DC., *Prodr.*, n. 7. — *C. nodosa* ROXB. — *C. Bacillus* GÆRTN., *Fruct.*, II, 313.— WIGHT, *Icon.*, t. 410, *Arereh* DEL. (A. RICH., *Fl. abyss. Tent.*, t. 47), etc.

2. VOG., *loc. cit.* — JACQ., *Eclog.*, I, t. 53. — *Baseophyllum* DC., *op. cit.*, 500, sect. VI. — COLLAD., *op. cit.*, 115, t. 14.

3. VOG., *loc. cit.*.— B. H., *Gen.*, 573, 3.—

Macleaya MONTROUZ., *Fl. ins. Art*, in *Mém. Ac. Lyon*, X, 199. Toutes les espèces de cette section sont asiatiques ou australiennes (REICHB., *Icon. exot.*, t. 206 ; — COLL., *Hort. ripul.*, t. 10, 11 ; — GAUDICH., in *Freycin. Voy.*, *Bot.*, t. 111 ; — *Bot. Mag.*, t. 2676 ; — *Bot. Reg.*, t. 1322), sauf le *C. Apocouita* AUBL. (*Guian.*, 379, t. 146 ; — *C. acuminata* W.; — *C. nitida* RICH.; — *C. ramiflora* VOG.), qui est originaire de l'Amérique tropicale.

4. DC., *op. cit.*, 500, sect. VIII.— E. MEY., *Comm. pl. afric. austr.*, 158. — JACQ., *Hort.*

Psilorhegma ; mais leurs sépales sont atténués au sommet, au lieu d'être obtus, et ces fleurs sont axillaires ou latérales, solitaires, ou en très-petit nombre. Leur gousse est comprimée, ordinairement atténuée aux deux extrémités et déhiscente en deux panneaux.

Cassia (Cathartocarpus) Fistula.

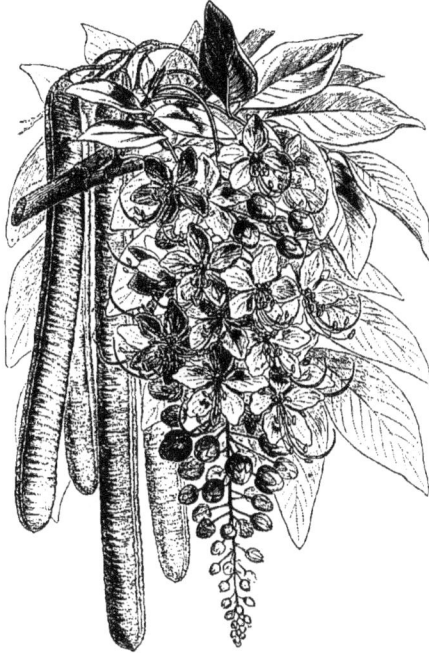

Fig. 103. Port ($\frac{1}{7}$).

Ainsi constitué, le genre *Cassia* renferme, dit-on, plus de quatre cents espèces ; mais ce nombre doit être, nous l'avons vu, réduit au moins de moitié. Ce sont des arbustes, plus rarement des arbres ou des herbes, qui habitent presque tous les pays chauds du globe, et principalement l'Amérique tropicale. Leurs feuilles sont alternes, composées-paripinnées, ou dépourvues de limbe et présentant un pétiole dilaté en

schœnbr., t. 480. — K., *Mimos.*, t. 36, 37. — COLLAD., *op. cit.*, t. 9, 16-20. — *Grimaldiu* SCHRANCK, in *Münch. Denks.* (1808), 103 (part.). Dans cette section, les sépales sont presque constamment aigus ou acuminés ; caractère peu considérable, mais commode pour la classification, et très-rare dans les autres sections où ils sont généralement arrondis au sommet.

phyllode ; les stipules varient beaucoup de forme et de taille, et les pétioles portent souvent des glandes cupuliformes ou peltées. Les fleurs sont, tantôt axillaires, solitaires ou en petit nombre, tantôt réunies en grappes axillaires ou terminales, simples. Plus rarement les feuilles de l'extré-

Cassia (Cathartocarpus) Fistula.

Fig. 104. Fruit ($\frac{1}{4}$).

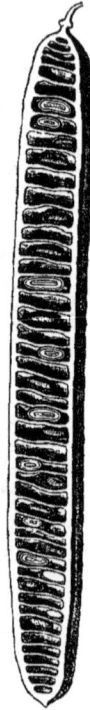

Fig. 105. Fruit, coupe longitudinale.

mité des rameaux, qui ont chacune une grappe dans leur aisselle, sont peu développées ou remplacées par des bractées, et l'inflorescence totale devient une grappe ramifiée terminale. Chaque fleur occupe l'aisselle d'une bractée et est souvent accompagnée de deux bractéoles latérales.

Le *Petalostyles labicheoides* [1], arbuste australien, à feuilles alternes imparipinnées [2], a des fleurs pédonculées, axillaires et solitaires, tout à

1. R. Br., in *Append. Sturt Exped.*, 17. — *Gen.*, 573, n. 327. — Walp., *Ann.*, II, 442. Benth., *Fl. austral.*, II, 292. — B. H.,   2. Les folioles sont alternes.

fait construites comme celles des Casses, avec cinq sépales et cinq pétales imbriqués, et un androcée dont les trois anthères antérieures sont fertiles, tandis que les deux postérieures sont pourvues d'anthères acuminées, stériles. Mais leur ovaire pluriovulé est surmonté d'un style pétaloïde, et dilaté au-dessus de l'ovaire en forme de sac irrégulier [1], avec un lobe médian plus long que les lobes latéraux, terminé par une petite surface stigmatique. Le fruit est une gousse oblongue-linéaire, aplatie, bivalve et polysperme ; les graines, attachées par un assez long funicule dilaté en arille, sont remplies d'un albumen corné, entourant un embryon à cotylédons aplatis et à radicule droite.

Les *Labichea* [2] (fig. 106, 107) ont aussi des fleurs très-analogues à celles des *Cassia*, tantôt pentamères et tantôt tétramères ; leur calice et

Labichea cassioides.

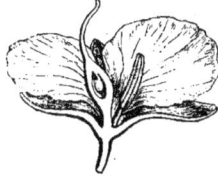

Fig. 106. Fleur.   Fig. 107. Fleur, coupe longitudinale.

leur corolle sont imbriqués dans le bouton, et leur pétale postérieur diffère des autres par la taille et par la couleur ; il est recouvert dans la préfloraison. Les étamines sont réduites au nombre de deux et sont placées tout contre le pétale postérieur ; chacune d'elles se compose d'un court filet libre et d'un anthère basifixe, allongée, biloculaire, à déhiscence poricide apicale [3]. Le gynécée est formé d'un ovaire qui renferme deux ou trois ovules descendants, et qui est surmonté d'un style à sommet atténué et stigmatifère. Le fruit est allongé, aplati, bivalve ; il renferme une ou deux graines, dont le funicule se dilate autour du hile, et dont

---

1. C'est plutôt un capuchon, comparable à celui que forme le sépale postérieur des Aconits. Au début, l'ovaire du *Petalostyles* est surmonté d'un style étroit et capité. Son sommet s'infléchit peu à peu du côté du placenta. En même temps ses deux bords s'élargissent dans toute leur hauteur, et la gouttière membraneuse que représente le stylo regarde alors, par sa concavité, le côté postérieur de la fleur. Plus tard, par suite, le dos du capuchon répond au côté antérieur du périanthe. Comme le *Petalostyles* ne présente pas d'autre différence avec les Casses que cette

déformation du style, il n'y aurait peut-être aucun inconvénient à en faire une simple section du genre *Cassia*.

2. GAUDICH., in *Freycin. Voy.*, *Bot.*, 485, t. 112. — DC., *Prodr.*, II, 507. — ENDL., *Gen.*, n. 6782. — B. H., *Gen.*, 573, n. 328.

3. Quoiqu'elles semblent être superposées aux deux sépales postérieurs, ces étamines sont toujours inégales, et paraissent d'âge différent ; l'une d'entre elles a une anthère plus étroite, plus aiguë, souvent même tout à fait vide de pollen.

l'embryon est entouré d'un albumen dur. Les *Labichea* sont des arbustes ou des sous-arbrisseaux inermes, à feuilles imparipinnées, ou presque digitées, ou même réduites à une foliole. Leurs fleurs sont réunies en grappes courtes, dans l'aisselle des feuilles ; elles sont situées chacune dans l'aisselle d'une bractée caduque, et accompagnées de deux bractéoles latérales stériles. Les cinq espèces connues habitent l'Australie [1].

Les *Dicorynia* [2] ont aussi à peu près la fleur des Casses, avec cinq sépales épais, fort imbriqués, et trois pétales seulement, les supérieurs. Leur androcée est formé seulement de deux étamines, à peu près hypogynes, à anthères épaisses, allongées, arquées, extrorses, biloculaires, inégalement bosselées ou ridées, déhiscentes près du sommet par deux fentes courtes ; supportées par des filets épais, bien plus longs l'un que l'autre. L'ovaire est pauciovulé et atténué en un style, dont le sommet non renflé est stigmatifère. La gousse est aplatie, obliquement ovale, coriace, à nervure dorsale bordée d'une aile étroite, mono- ou disperme. Les graines sont organisées comme celles des Casses. Les *Dicorynia*, dont on a décrit trois ou quatre espèces [3], sont de beaux arbres inermes du Brésil boréal et de la Guyane. Leurs feuilles sont alternes, imparipinnées, à folioles coriaces peu nombreuses. Leurs fleurs sont réunies en vastes grappes composées, ramifiées et terminales.

Les *Martia* [4] (fig. 108-110) ont des fleurs très-analogues à celles des genres précédents, avec le réceptacle et l'insertion semblables à ceux des Casses. Leur calice est formé de cinq sépales, libres, peu inégaux en largeur [5], assez épais, sauf vers les bords, qui sont imbriqués dans une faible étendue, et parfois même presque valvaires vers leur base. Les pétales sont libres, très-nettement imbriqués, à peu près égaux entre eux, sauf le postérieur, complétement enveloppé dans la préfloraison, et un peu plus large que les autres. L'androcée est formé de quatre étamines, dont deux antérieures et deux latérales [6], composées chacune d'un filet sensiblement hypogyne, libre, court, trapu, presque pyramidal, et d'une anthère allongée, presque basifixe, biloculaire, divisée inférieurement en quatre logettes, introrse, déhiscente près de son sommet

1. BENTH., *Enum. pl. Hügel.*, 41 ; *Fl. austral.*, II, 292. — PAXT., *Mag. Bot.*, X, 149, icon. — LINDL. et PAXT., *Fl. gard.*, t. 52. — MEISSN., in *Bot. Zeit.* (1855), 12. — WALP., *Rep.*, I, 841 ; V, 561 ; *Ann.*, II, 442 ; IV, 600.

2. BENTH., in *Hook. Journ.*, II, 82.—ENDL., *Gen.*, n. 6772 [1]. — B. H., *Gen.*, 571, n. 324.

3. WALP., *Rep.*, V, 562. Il n'y en a probablement qu'une couple d'espèces.

4. BENTH., in *Hook. Journ.*, II, 146 (nec LEANDR., nec SPRENG., nec ZUCC.) — ENDL., *Gen.*, n. 6812 [2]. — B. H., *Gen.*, 571, n. 323. — *Martiusa* BENTH., *loc. cit.*, 84.

5. Le sépale antérieur est cependant un peu plus étroit que les autres (fig. 109).

6. L'étamine antérieure peut se développer quelquefois ; elle manque généralement dans le *M. excelsa* de la Guyane.

acuminé par deux fentes courtes, simulant des pores. L'ovaire est sessile ou à peu près, surmonté d'un style subulé, à extrémité stigmatifère non renflée ; il renferme un seul ou plusieurs ovules anatropes, descendants, attachés par un funicule, avec le micropyle dirigé en haut et en dehors. Le fruit est une gousse indéhiscente, aplatie, ovale ou oblongue, mince

Martia excelsa.

Fig. 108. Fleur.   Fig. 109. Diagramme.   Fig. 110. Fleur, coupe longitudinale.

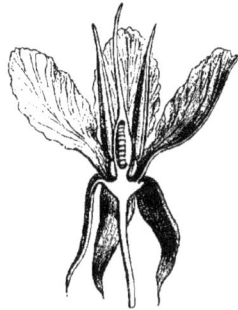

et coriace, dont les deux sutures sont indiquées par deux nervures saillantes qui se regardent par leur concavité, et dont la convexité est surmontée, sur tout le pourtour du péricarpe, d'une aile continue, simulant un rebord membraneux non interrompu. On y trouve une ou plusieurs graines aplaties, réniformes, dont l'embryon charnu a une radicule courte et droite, et se trouve entouré d'une couche mince d'albumen. Les deux espèces connues de ce genre [1] habitent, l'une le Brésil, et l'autre la Guyane. Ce sont des arbres inermes, à feuilles imparipinnées, à stipules très-caduques. Leurs fleurs sont réunies au sommet des rameaux en larges grappes composées, rameuses, multiflores. Les boutons sont allongés, aigus, arqués ; chacun d'eux est placé dans l'aisselle d'une bractée allongée et très-caduque.

La fleur des *Storckiella* [2] est semblable extérieurement à celle des *Martia*, ordinairement tétramère, plus rarement à trois ou cinq parties ; mais son calice et sa corolle, imbriqués dans le bouton, sont insérés sur les bords d'un réceptacle en forme de coupe concave, dont

---

1. WALP., *Rep.*, I, 841.—FIELD. et GARDN., *Sert. plant.*, t. 11.
2. SEEM., in *Bonplandia*, IX, 255 ; X, 363, t. 6 ; *Fl. vitiens.*, 68, t. 13.—B. H., *Gen.*, 571, 1003, n. 325. — H. BN, in *Adansonia*, IX, 204.

le fond donne insertion au gynécée. Les étamines sont ordinairement au nombre de dix[1], dans la première espèce connue du genre, le *S. vitiensis* Seem. Dans une seconde espèce, originaire de la Nouvelle-Calédonie, le *S. Pancheri*[2], il n'y a ordinairement que quatre étamines alternipétales, comme dans les *Martia;* aussi a-t-elle été placée dans une section particulière, sous le nom de *Doga*. Les étamines sont, dans les deux espèces, formées d'un filet libre et d'une anthère biloculaire, introrse, dont chaque loge ne s'ouvre que par une fente courte, dans la partie supérieure du sillon longitudinal que porte sa face. L'ovaire, supporté par un pied court, renferme un nombre indéfini d'ovules descendants, à micropyle dirigé en haut et en dehors; il est surmonté d'un style à sommet stigmatifère obtus. Le fruit est une gousse allongée, comprimée, coriace et bivalve, dont le bord placentaire est dilaté en aile dans toute sa longueur; il renferme un nombre variable de graines, à funicule assez long, dont les téguments recouvrent un embryon verdâtre, entouré d'un albumen charnu. Les *Storckiella* sont des arbres océaniens, à feuilles alternes, imparipinnées, avec des folioles coriaces et de petites stipules caduques[3]. Leurs fleurs sont réunies au sommet des rameaux en grappes ramifiées, composées. Les bractées et les bractéoles articulées qui les accompagnent se détachent de bonne heure.

Dans les *Baudouinia*[4], la fleur a dix étamines[5], comme celle du *Storckiella vitiensis;* mais leur insertion est hypogynique, comme dans les *Martia*, et elles sont de longueur un peu inégale[6]. Elles sont entourées de cinq pétales et de cinq sépales, presque égaux entre eux et imbriqués dans le bouton. Le gynécée, analogue à celui des *Storckiella*, est supporté par un pied court, et l'ovaire renferme trois ou quatre ovules descendants, séparés les uns des autres par des fausses-cloisons obliques. Le fruit est charnu, stipité, partagé en trois ou quatre logettes monospermes. Les deux espèces connues de ce genre habitent les îles orientales de l'Afrique australe; elles n'ont pas du tout le port et le feuillage ordinaire aux Légumineuses. Ce sont de petits arbres à feuilles

---

1. Il y en a quelquefois onze, douze ou même davantage.

2. H. Bn, *loc. cit.* — *Cassia Pancheri* Vieill. (ex B. H., *loc. cit.*). — *Doga macrogemma* Panch., herb.

3. Les bourgeons qui occupent l'aisselle des feuilles sont souvent globuleux, très-volumineux.

4. H. Bn, in *Adansonia*; VI, 193, t. 5; VIII, 304. — B. H., *Gen.*, 1003, n. 326 *a*.

5. Plus rarement on n'en trouve que huit ou neuf. Elles ont un filet obconique ou obpyramidal, longuement atténué à la base, et une anthère basifixe, biloculaire, introrse, atténuée et pénicillée au sommet, déhiscente par deux fentes longitudinales qui descendent plus ou moins bas, suivant l'âge de la fleur.

6. D'autant plus courtes, qu'elles se rapprochent davantage du côté postérieur de la fleur.

alternes, simples, entières, avec un court pétiole et deux petites stipules latérales, caduques. Leurs fleurs sont axillaires, disposées en fausses grappes pauciflores.

Les *Duparquetia*[1] sont également voisins des *Cassia* et des *Storckiella*, avec un réceptacle convexe et un périanthe hypogyne. Mais leur corolle présente une anomalie rare dans le groupe des Cæsalpiniées : elle est imbriquée dans le bouton en préfloraison vexillaire. Les cinq pétales sont fort inégaux et dissemblables[2]. Ils sont entourés de quatre sépales, dont deux, latéraux, irréguliers, dissemblables[3], sont recouverts par le sépale postérieur, lui-même enveloppé par le sépale antérieur, le plus développé de tous. L'androcée est formé d'un nombre variable d'étamines hypogynes et triadelphes. Il y en a souvent quatre, dont deux latérales sont isolées, les deux autres étant réunies en un seul faisceau au côté postérieur de la fleur. Ce faisceau est parfois formé de trois étamines. Toutes ont un filet aplati, et une anthère biloculaire, introrse, déhiscente par deux fentes longitudinales[4]. Cette fente répond à un sillon profond qui semble diviser chaque loge en deux logettes complètes. Chacune de ces loges se termine aussi en haut par une longue pointe[5]. Le gynécée est supère, supporté par un pied court. Son ovaire renferme deux ovules superposés, avec le micropyle en haut et en dehors ; il est surmonté d'un style atténué, à extrémité stigmatifère obtuse. Sur les parois de l'ovaire se voient quatre ailes longitudinales, placées, deux à droite, et deux à gauche[6], lesquelles se prononcent davantage sur le fruit, qu'on n'a pu jusqu'ici étudier à la maturité. Le *D. orchidacea*[7], seule espèce connue de ce genre, est un arbuste élevé originaire de l'Afrique tropicale occidentale. Ses feuilles sont alternes, imparipinnées, accompagnées de deux stipules latérales. Les fleurs, qui rappellent, par leur forme et leur coloration, celles de certaines Orchidées, sont réunies en grappes terminales[8].

Nous placerons ici les *Moldenhauera*[9], rapportés par d'autres auteurs

---

1. H. Bn, in *Adansonia*, VI, 189. — *Oligostemon* Benth., *Gen.*, 570, 1002, n. 322 ; in *Trans. Linn. Soc.*, XXV, 305, t. 39 (post.).

2. Surtout les deux antérieurs, qui sont très-petits, à bords ciliés-glanduleux. Nous les avons autrefois considérés comme des staminodes.

3. Ils ont sur le bord antérieur une sorte d'aile ou d'auricule irrégulière. Nous les décrivions autrefois comme deux pièces extérieures de la corolle.

4. Ces fentes ne s'étendent que dans la moitié environ de la longueur de l'anthère.

5. C'est pour ces raisons qu'on peut considé-

rer aussi, comme nous l'avions fait, chacune de ces loges comme une anthère distincte.

6. Le placenta répond au fond du sillon qui sépare les deux ailes postérieures.

7. H. Bn, *loc. cit.*, t. IV, fig. 1-4.— *Oligostemon pictus* Benth., *loc. cit.*

8. Chaque pédicelle présente dans sa portion inférieure une articulation au-dessous de laquelle il porte deux bractéoles latérales caduques.

9. Schrad., in *Gœtting. gel Anzeig.* (1821), 718, ex DC., *Prodr.*, II, 718. — Endl., *Gen.*, n. 6780.— B. H., *Gen.*, 569, n. 319. — *Dolichonema* Nees, in *Flora* (1821), 303.

au groupe des Sclérolobiées, mais qui s'en séparent principalement par la forme convexe de leur réceptacle, et l'insertion hypogynique de leur périanthe et de leur androcée, insertion semblable à celle des Casses, des *Baudouinia*, des *Martia* et des *Duparquetia*. Leurs fleurs sont tantôt pentamères et tantôt tétramères (fig. 111), avec des sépales valvaires, d'abord collés par les bords, puis devenant complétement libres jusqu'au réceptacle, des pétales onguiculés, à limbe frangé et découpé, auriculé à sa base, fortement imbriqué dans le bouton, et deux verticilles d'éta-

Moldenhauera emarginata.

Fig. 111. Fleur ($\frac{4}{1}$).

mines libres, superposées, cinq aux sépales et cinq aux pétales. L'une d'elles, celle qui est antérieure et qui répond au dos de la feuille carpellaire, prend un énorme développement ; son filet s'incurve et se termine par une anthère, fertile ou stérile, à connectif épais, souvent chargé de poils. Les sept ou neuf autres étamines ont un filet court, dressé, et une anthère aplatie, presque basifixe, à deux loges introrses, déhiscentes vers leur sommet par une fente qui se prolonge plus ou moins bas, suivant les espèces, et qui peut demeurer très-courte, comme dans les *Cassia*.

L'ovaire est supère, sessile, multiovulé, surmonté d'un style grêle, à sommet stigmatifère peu renflé ou capité, d'abord infléchi ou involuté. Le fruit est mal connu [1]. Ce genre se compose de deux ou trois espèces [2], qui habitent l'Amérique tropicale, principalement le Brésil. Ce sont des arbres inermes, à feuilles composées ou décomposées-pennées, à folioles coriaces, à stipules petites et caduques. Leurs fleurs sont réunies en grappes ou en faux-corymbes rameux et composés.

Les *Apuleia* [3] ont les fleurs polygames et trimères. Leur réceptacle est une petite poche obconique, dont les bords portent trois sépales imbriqués, l'un, antérieur, enveloppant, et les deux autres, postérieurs,

---

1. « Legumen (si rite hic relatum) oblongum » plano-compressum coriaceum, 2-valve. Semina » transversa ovoidea. » (B. H., *Gen.*, 570.) Cette description de la gousse et des graines est tirée de la planche 94 du vol. VII du *Flora flumi- nensis* de VELLOZO (*Pterocarpus*).

2. POHL, *Pl. bras. icon.*, II, 90, t. 160. — WALP., *Rep.*, V, 559.
3. MART., *Herb. fl. bras.*, 123 (nec GÆRTN., nec LESS.). — ENDL., *Gen.*, n. 6759. — B. H., *Gen.*, 574, n. 330. — *Zenkeria* ARN., in *Mag. Zool. et Bot.*, II, 548.

se recouvrant l'un l'autre par un bord (fig. 112). Les pétales sont également au nombre de trois, périgynes, alternes avec les sépales, légèrement imbriqués dans le bouton. L'androcée est composé de trois étamines alternipétales, plus rarement de deux, formées chacune d'un filet libre, subitement atténué près de son sommet, alors qu'il va s'insérer près de la base d'une anthère dressée, biloculaire, introrse, déhiscente par deux fentes longitudinales. Le gynécée est central, formé d'un ovaire à pied court, renfermant un petit nombre[1] d'ovules descendants, surmonté d'un style terminal, à tête stigmatifère légèrement renflée. Le fruit est une gousse aplatie, ovale ou oblongue, mince et coriace, indéhiscente, mono- ou disperme, à bord dorsal prolongé en une aile linéaire très-étroite. Les graines sont attachées par un funicule assez long, et renferment, sous leurs téguments, un embryon ver-

Apuleia præcox.

Fig. 112. Diagramme.

dâtre qu'entoure un albumen translucide. Les *Apuleia* sont des arbres inermes de l'Amérique tropicale. Leurs feuilles sont imparipinnées, et leurs fleurs, souvent développées avant les feuilles, sont réunies, sur les rameaux ou à l'aisselle des feuilles, en fausses-ombelles latérales. On en connaît deux ou trois espèces[2].

Le *Distemonanthus*[3] est un arbre de l'Afrique tropicale, dont les fleurs naissent avant les feuilles, alternes et imparipinnées, comme celles de l'*Apuleia præcox*, et ont un calice pentamère, imbriqué, avec trois pétales seulement, qui sont les postérieurs, car les deux antérieurs manquent totalement (fig. 113). L'androcée est disposé sur deux verticilles, mais aussi fort incomplets et représentés seulement dans leur moitié postérieure. Du verticille alternipétale il n'y a, en effet, que deux étamines fertiles, formées chacune d'un filet épais, subitement rétréci à son sommet, à peu près comme dans les *Apuleia*, et d'une anthère presque basifixe, biloculaire, partagée inférieurement en quatre logettes distinctes, atténuée au sommet, près duquel elle s'ouvre par deux fentes intérieures très-courtes. Le gynécée est formé d'un ovaire à pied court[4], pauciovulé, surmonté d'un style à surface stigmatifère termi-

Distemonanthus Benthamianus.

Fig. 113. Diagramme.

---

1. Il n'y en a souvent que deux, rarement davantage.
2. Vog., in *Linnæa*, XI, 393 (*Leptolobium*). — Walp., *Rep.*, V, 571.
3. Benth., *Gen.*, 573, n. 329. La seule

espèce connue est le *D. Benthamianus;* elle n'a pas encore été décrite.
4. L'insertion de l'ovaire est légèrement oblique, un peu excentrique. Sa cicatrice a une forme elliptique.

nale, oblique. Le fruit est jusqu'ici inconnu. Les fleurs sont disposées
en cymes composées, axillaires.

Les *Dialium* [1] (fig. 114-119) sont encore des Cassiées, dont la fleur
présente un degré d'appauvrissement plus avancé que celle des *Distemonanthus* et des *Apuleia*. Elle peut n'être formée que d'un calice de cinq
sépales imbriqués, de deux étamines latérales [2] et d'un carpelle. Le
réceptacle y est assez variable de forme. Dans certaines espèces, il est
régulier ou à peu près, en forme de coupe peu profonde, et le gynécée
occupe à peu près son centre. Dans d'autres espèces, il devient irrégulier ;

Dialium (Codarium) nitidum [3].

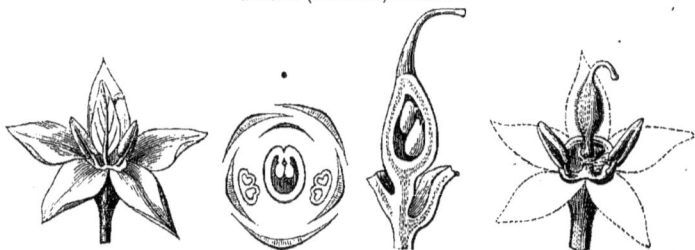

Fig. 114. Fleur ($\frac{4}{4}$).   Fig. 115. Diagramme.   Fig. 117. Gynécée   Fig. 116. Fleur, le pétale
                                                         ouvert.   étant coupé à sa base.

et le gynécée, dont l'insertion est excentrique, se trouve placé du côté
du sépale antérieur, tandis que de l'autre côté le réceptacle présente une
fossette peu profonde. C'est entre cette fossette et les deux sépales postérieurs que les *Codarium*, considérés autrefois comme formant un genre
distinct, ont un petit pétale [4] en forme de languette. Leur gynécée est
fort excentrique, supporté par un pied rétréci, et il se compose, comme
celui de tous les *Dialium*, d'un ovaire surmonté d'un style subulé et
infléchi dans le bouton, de telle façon que son sommet stigmatifère,
à peine renflé, se dirige en bas et en arrière, du côté du placenta.
Celui-ci supporte deux ovules descendants, plus ou moins obliques,
anatropes, avec le micropyle supérieur et extérieur. Le fruit est une baie
à exocarpe plus ou moins épais, glabre ou velouté, presque globuleux,

1. L., *Mantiss.*, n. 1240. — AFZ., in *Schrad.
n. Journ.*, II, 238. — J., *Gen.*, 424. — LAMK,
Dict., II, 275 ; Suppl., II, 467. — DC., *Prodr.*,
II, 520. — SPACH, *Suit. à Buffon*, I, 130. —
ENDL., *Gen.*, n. 6805. — B. H., *Gen.*, 574,
n. 331. — H. BN, in *Adansonia*, VI, 198. —
Codarium SOLAND., ap. VAHL, *Enum.*, I, 302 ;
[I, 400. — AFZ., *loc. cit.*, 233. — K., *Zwei*

Abhandl., 17, t. 2, fig. 6. — DC., *Prodr.*, II,
520. — ENDL., *Gen.*, n. 6804.

2. On les dit quelquefois au nombre de trois.

3. Les figures 114, 116, 117 sont emprun-
tées à la planche 58 du *Flora Senegambiæ
Tentamen*. Dans la figure 116, les lignes ponctuées indiquent les bords des sépales.

4. Ils en ont parfois deux, assure-t-on.

à endocarpe développé en une sorte de pulpe qui entoure une ou deux graines. Celles-ci renferment, sous leurs téguments, un albumen considérable, corné, qui enveloppe un embryon vert, à cotylédons aplatis, plus ou moins insymétriques à leur base, quelquefois un peu plissés, et à radicule supère, courte, renflée et obtuse.

Les *Arouna* [1] (fig. 118, 119) sont des *Dialium* américains, dont le réceptacle floral est un peu plus évasé et doublé d'un disque plus épais et moins concave [2]; ils n'ont pas de corolle, et leurs fleurs sont de très-petite taille.

Dialium (Arouna) guianense.

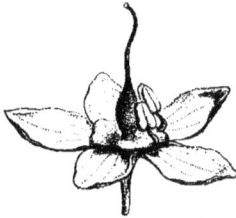

Fig. 118. Fleur ($\frac{4}{7}$). Fig. 119. Fleur, coupe longitudinale.

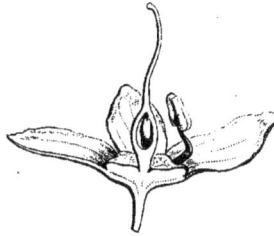

Les *Dialium* [3] sont des arbres qui croissent, au nombre de sept ou huit, dans les régions tropicales, en Afrique [4], en Asie [5] et en Amérique. Leurs branches inermes portent des feuilles alternes, imparipinnées, à folioles peu nombreuses, à stipules peu développées ou nulles. Leurs fleurs forment de grandes grappes composées, rameuses, axillaires ou terminales ; elles sont accompagnées de bractées et de bractéoles caduques.

Les *Caroubiers* [6] (fig. 120-122) ont les fleurs polygames-dioïques. Dans celles qui sont hermaphrodites, on observe un réceptacle de forme toute particulière. Il représente une large écuelle, épaisse et peu profonde, doublée intérieurement d'un gros disque charnu, glanduleux, en

1. AUBL., *Guian.*, I, 16, t. 5. — *Cleyeria* NECK., *Elem.*, n. 897.
2. Ce qui le rapproche davantage, on le verra, de celui des Caroubiers.
3. *Dialium divaricatum* VAHL, *Enum.*, I, 303. — DC., *Prodr.*, n. 2. — *Arouna guianensis* AUBL., *loc. cit.* — *A. divaricata* W., *Spec.*, I, 49.
4. GUILL. et PERR., *Fl. Seneg. Text.*, I, 267. — HOOK., *Niger*, 329. — WEBB, in *Hook. Journ.*, II, 347.— WALP., *Rep.*, I, 834 ; *Ann.*, II, 449.

5. BURM., *Fl. ind.*, 12. — SM., in *Rees Cyclop.*, V, XI, n. 1.— BENN., *Pl. jav. rar.*, t. 30. — THW., *Enum. pl. Zeyl.*, 97.
6. *Ceratonia* L., *Gen.*, n. 1167.— J., *Gen.*, 347. — LAMK, *Dict.*, I, 635 ; Suppl, II, 119; *Ill.*, t. 859. — GÆRTN., *Fruct.*, II, t. 146. — DC., *Mém. Légum.*, II, t. 23, fig. 114 ; *Prodr.*, II, 486. — SPACH, *Suit. à Buffon*, I, 109. — ENDL., *Gen.*, n. 6809.— B. H., *Gen.*, 574, n. 332. — *Siliqua* T., *Instit.*, 578, t. 344. — *Ceratia* PRIN., ex ADANS., *Fam. des pl.*, II, 319.

forme de palet, qui remplit toute la concavité du réceptacle [1]. Sur les
bords de ce dernier s'insèrent cinq petits sépales, épais, imbriqués d'abord
dans le bouton, mais cessant de bonne heure de se recouvrir. L'androcée
est formé de cinq étamines, superposées aux sépales, composées chacune
d'un filet libre, subulé, inséré sous le disque, et d'une anthère bilocu-

Ceratonia Siliqua.

Fig. 120. Port ($\frac{1}{3}$).

laire, introrse, déhiscente par deux fentes longitudinales, versatile [2]. Le
gynécée, qui est représenté dans la fleur mâle par un petit corps conique
enfoncé dans une dépression centrale du disque, se compose, dans les
fleurs femelles ou hermaphrodites, d'un ovaire stipité, atténué en un style
dont le sommet se dilate en une large tête stigmatifère, échancrée du
côté d'un sillon longitudinal qui parcourt toute la longueur du gynécée et

1. Nous avons dit que le disque des *Arouna*
(fig. 118, 119) servait de transition entre celui-ci
(fig. 121, 122) et celui des autres *Dialium*.
2. Cette anthère est, comme celle de la grande

étamine antérieure des *Moldenhauera* (fig. 111),
exceptionnelle par sa forme parmi les Cassiées;
mais ce caractère ne saurait avoir en lui-même
une grande valeur.

qui répond au placenta. Celui-ci, alterne avec deux sépales, supporte un nombre indéfini d'ovules anatropes, transversaux ou légèrement descendants, avec le micropyle supérieur et extérieur [1]. Le fruit est une sorte de gousse allongée, rectiligne ou arquée, comprimée, à sutures épaissies. Ses parois sont drupacées, indéhiscentes ; l'épicarpe, lisse et mince, recouvre un mésocarpe coriace, plus ou moins gorgé de pulpe

Ceratonia Siliqua.

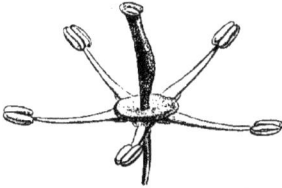

Fig. 121. Fleur hermaphrodite ($\frac{4}{1}$)

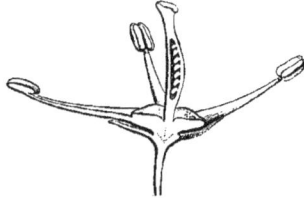

Fig. 122. Fleur hermaphrodite, coupe longitudinale.

sucrée ; et l'endocarpe, mince, parcheminé, sec, s'avance dans l'intervalle des graines pour former des fausses-cloisons transversales ou obliques. Les graines, attachées par un funicule assez long [2], sont inégalement obovées, comprimées ; elles renferment, sous leurs téguments épais, un albumen corné abondant, au centre duquel est un embryon verdâtre, à radicule droite, exserte, à cotylédons aplatis [3]. Le *C. Siliqua* [4] est la seule espèce connue de ce genre : c'est un arbre de la région méditerranéenne, à feuilles persistantes, paripinnées, à folioles peu nombreuses, coriaces, à stipules peu développées et caduques. Les fleurs sont disposées sur le bois des rameaux déjà anciens, en grappes courtes, solitaires ou multiples ; elles sont accompagnées de bractées et de bractéoles écailleuses et caduques.

1. Ils ont deux enveloppes, et le bord de leur exostome présente un léger épaississement, de même que le pourtour de leur hile, qui forme un bourrelet assez net à une certaine époque, autour du funicule.

2. Il se renfle un peu avant de s'unir au hile.

3. Plus ou moins insymétriques et auriculés à leur base. La radicule est souvent renflée vers sa partie supérieure.

4. L., *Spec.*, 1513. — DUHAM., *Arbr.*, II, t. 70.—CAV., *Icon.*, t. 113.—BLACKW., *Herb.*, t. 209. — FASANO, in *Act. neapol.* (1787), 248, t. 18, fig. 2.— NEES, *Plant. off.*, IV, t. 19. — *Keronia* THEOPHR. — *Keration* DIOSC.— *Siliqua* MATTH. — *Ficus ægyptia* THEOPH. (ex ADANS.).

VII. SÉRIE DES COPAÏERS.

Les Copaïers [1] (fig. 123-128) ont les fleurs régulières et hermaphrodites. Leur petit réceptacle, convexe ou à peine dilaté au sommet [2], porte

Copaifera officinalis.

Fig. 123. Port ($\frac{1}{4}$).

un pér anthe calicinal et un androcée, au-dessous d'un gynécée unicar-
pellé. Le calice est formé de quatre sépales, dont deux latéraux, un
antérieur et un postérieur. Ce dernier est ordinairement plus large que

1. *Copaifera* L., *Gen.*, n. 542. — J., *Gen.*,
365. — LAMK, *Dict.*, II, 97; *Ill.*, t. 342. —
DESF., in *Mém. Mus.*, VII, 375, t. 13, 14. —
H. B. K., *Nov. gen. et spec.*, VI, 265, t. 659.
— DC., *Prodr.*, II, 508.— SPACH, *Suit. à Buffon*, I, 116.— ENDL., *Gen.*, n. 6806.— H. BN,
in *Adansonia*, VI, 202. — B. H., *Gen.*, 585,
1003, n 362.—*Copaiba* MARCG., *Brasil.*, 130.

— ADANS., *Fam. des pl.*, II, 341. — *Copiiba*
PIS., *Brasil.*, 56 (incl. *Guibourtia* BENN ,
Gorskia BOLLE).

2. Dans le *C. officinalis*, nous avons pu voir
sur des fleurs fraîches qu'il y a, en dedans de
l'insertion du périanthe et de l'androcée, une
très-courte cupule tapissée de tissu glanduleux
et entourant le pied du gynécée.

les trois autres ; c'est qu'il représente à lui seul deux folioles calicinales, dont on retrouve parfois la trace vers son sommet plus ou moins pro-fondément échancré [1]. La préfloraison est imbriquée d'une manière variable, les sépales se recouvrant les uns les autres dans une assez grande étendue, lorsque leurs bords sont graduellement amincis, ou ne

Copaifera officinalis.

Fig. 124. Fleur $(\frac{4}{1})$.

Fig. 125. Fleur, coupe longitudinale.

Fig. 126. Fruit $(\frac{4}{1})$.

Fig. 127. Fruit, coupe longitudinale.

Fig. 128. Embryon $(\frac{4}{1})$.

s'imbriquant qu'à peine, alors que leurs bords, assez épais, sont sim-plement taillés en un biseau étroit (fig. 124). Les étamines sont dis-posées sur deux verticilles tétramères ou pentamères. Les plus longues sont superposées aux sépales ; et lorsqu'on en compte cinq, c'est que deux d'entre elles sont placées en face du sépale postérieur. Les plus courtes sont alternes avec les précédentes. Chacune d'elles se com-pose d'un filet libre, plus ou moins infléchi dans le bouton, et d'une anthère biloculaire, introrse [2], déhiscente par deux fentes longitudi-nales. Le gynécée est libre, supère, formé d'un ovaire sessile ou sup-

1. On rencontre même çà et là des calices à cinq folioles, et même, très-rarement, à trois.
2. Sa face regarde souvent en dehors dans le bouton, par suite de l'inflexion du filet, replié sur lui-même près de son sommet. L'anthère est fréquemment versatile.

porté par un pied court; uniloculaire, surmonté d'un style d'abord réfléchi [1], puis redressé, terminé par une petite tête stigmatifère. Sur le placenta pariétal, qui se trouve du côté du grand sépale postérieur, s'insèrent deux ovules, obliquement descendants, anatropes, avec le micropyle dirigé en haut et en dehors [2]. Le fruit est une gousse, à pied court (fig. 126), à péricarpe plus ou moins épais et charnu, mais définitivement bivalve [3], et renfermant une graine descendante, attachée par un funicule grêle et assez long. De l'ombilic et des parties voisines des téguments naît un arille charnu, en forme de sac ou de capuchon (fig. 127), qui enveloppe plus ou moins complétement la graine [4]. Celle-ci possède un embryon charnu (fig. 128), sans albumen, à cotylédons très-épais et plan-convexes, formant par leurs bases auriculées un étui complet autour de la radicule supère [5]. Les Copaïers sont des arbres inermes, presque tous originaires de l'Amérique tropicale [6]. Des douze espèces décrites, deux ou trois seulement sont des plantes africaines. Les feuilles sont alternes, paripinnées, ayant une ou quelques [7] paires de folioles insymétriques, et accompagnées à leur base de deux stipules latérales caduques. Les fleurs sont disposées en épis ou en grappes à très-courts pédicelles ; tantôt simples et tantôt ramifiés ; les inflorescences occupent l'aisselle des feuilles ou l'extrémité des jeunes rameaux. Chaque fleur est placée dans l'aisselle d'une bractée écailleuse, ordinairement caduque, quelquefois persistante, et, dans ce cas, plus développée [8].

1. Quelquefois même révoluté ; son sommet arrive, dans les boutons très-jeunes, jusqu'au dos de l'ovaire.

2. Ils ont deux enveloppes. Dans plusieurs fleurs du *C. officinalis* cultivé, j'ai observé quatre ovules, disposés sur deux séries verticales.

3. Dans quelques espèces américaines, la gousse est aplatie et indéhiscente dans sa portion inférieure, comme celle des *Hardwickia*. Les deux valves ne se séparent l'une de l'autre qu'au voisinage du sommet. Le fruit de la plupart des *Copaifera* est apiculé.

4. Cet arille paraît manquer complétement dans les espèces africaines, dont on a fait le genre *Gorskia* (BOLLE, in *Pet. Mossamb. Bot.*, I, 15, fig. 3). Dans ce groupe, les feuilles ont deux folioles multinerves, et le fruit est aplati, mince. Dans le *C. hymenœifolia* MORIC. (*Pl. nouv. Amér.*, t. 1), l'arille est obliquement turbiné sous la graine. Dans le *C. nitida* MART. et d'autres espèces brésiliennes, il forme un sac charnu ou presque membraneux, qui enveloppe les deux tiers de la graine, et est coupé obliquement en bas. Dans une espèce africaine, il recouvre, d'après M. BENTHAM, la semence presque tout entière.

5. Dans le *C. Mopane* KIRK (ex BENTH., in *Trans. Linn. Soc.*, XXV, 317, t. 43 A), les cotylédons sont très-développés, corrugués, pleins de réservoirs de suc résineux. Dans cette espèce, les feuilles sont formées de deux folioles.

6. JACQ., *Amer.*, 133, t. 86. — H. B, K., *Nov. gen. et spec.*, VI, t. 659. — HAYNE, in *Linnœa*, I, 418 ; *Arzn.*, X, t. 12-23. — WALP., *Rep.*, I, 854.

7. Il y a une espèce brésilienne, à petites folioles nombreuses, dont les feuilles ressemblent à celles de certains *Schotia*. Dans d'autres espèces du même pays, qui n'ont que deux folioles, la nervation de celles-ci est pennée, au lieu d'être semblable à celle des *Gorskia*.

8. C'est ce qui arrive dans le *C. copallina* (*C. Guibourtiana* BENTH. — *Guibourtia copallina* BENN., in *Journ. Linn. Soc.*, I, 150), espèce d'Afrique, à feuilles bifoliolées, et dont les fleurs, assez grandes, ont des bractéoles persistantes, égales au quart de la hauteur du calice.

Les Détares [1] (fig. 129, 130) sont extrêmement voisins par leurs fleurs des *Copaifera* : même périanthe, ordinairement tétramère [2], avec les sépales à peine imbriqués [3]; dix étamines [4] à insertion hypogynique, dont cinq plus grandes, superposées aux divisions du calice; et même gynécée, à insertion centrale, à ovaire sessile, biovulé [5], surmonté d'un style à petite tête stigmatifère, enroulé dans le bouton du côté antérieur de la

Detarium senegalense.

Fig. 129. Fleur ($\frac{4}{7}$).

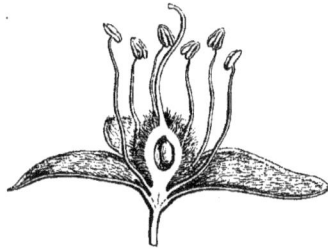

Fig. 130. Fleur, coupe longitudinale.

fleur. Mais le fruit est une grosse drupe, sessile, orbiculaire, comprimée Son noyau monosperme est osseux, rugueux en dehors, entouré d'un sarcocarpe dont la chair est parcourue par un riche réseau de nervures fibro-vasculaires ramifiées. Les deux espèces connues de ce genre [6] sont des arbres inermes, de l'Afrique tropicale occidentale. Leurs feuilles sont alternes, paripinnées, paucifoliolées. Leurs fleurs sont disposées en grappes d'épis [7], ramifiées et composées, axillaires ou latéralement situées sur le bois des rameaux de l'année précédente.

Les *Hardwickia* [8] ont des fleurs qui diffèrent à peine de celles de

1. J., *Gen.*, 365. — DC., *Prodr.*, II, 521. — SPACH, *Suit. à Buffon*, I, 131. — B. H., *Gen.*, 585, n. 361. — H. BN, in *Adansonia*, VI, 200.

2. Les deux sépales postérieurs sont unis ordinairement en une seule pièce; mais on les rencontre çà et là séparés. La fleur est donc résupinée comme celle des Copaïers.

3. Leur bord est seulement taillé obliquement en biseau; et c'est là la seule portion recouverte ou recouvrante dans la préfloraison.

4. Leurs filets sont d'abord repliés sur eux-mêmes, non loin de l'insertion de l'anthère.

5. Les ovules sont descendants, anatropes, à micropyle supérieur et extérieur. L'exostome

présente un épaississement qui, au moment de l'épanouissement des fleurs, simule une jeune caroncule. Le carpelle est constamment superposé au sépale antérieur.

6. GMEL., *Syst.*, III, 700. — HOOK., *Niger*, 327. — GUILL. et PERR., *Fl. Seneg. Tent.*, I, 269, t. 59. — WALP., *Rep.*, I, 854.

7. Le pédicelle floral est nul ou très-court, articulé à sa base, placé dans l'aisselle d'une bractée et accompagné de deux bractéoles latérales caduques.

8. ROXB., *Pl. coromand*, III, 6, t. 209. — DC., *Prodr.*, II, 487. — ENDL., *Gen.*, n. 6808. — B. H., *Gen.*, 586, n. 364. — H. BN, in *Adansonia*, VI, 203.

certains Copaïers. Le réceptacle est le même, et le calice est formé de
cinq sépales, amincis sur les bords et imbriqués dans le bouton. Les étamines sont au nombre de dix, comme dans les Copaïers; et toutes ont
des anthères biloculaires et fertiles, ou bien quelques-unes des étamines
postérieures sont réduites aux filets. Le gynécée est aussi analogue à celui
des Copaïers; l'ovaire renferme deux ovules descendants, et le style se
termine en pointe ou en une dilatation peltée et stigmatifère. Le fruit est
inconnu jusqu'ici dans l'espèce africaine qu'on a rapportée à ce genre
et qui a des feuilles à folioles ordinairement au nombre de trois paires.
Il n'a pu être étudié davantage dans une des deux espèces asiatiques
connues, laquelle a également des feuilles à plusieurs paires de folioles.
Dans l'autre espèce asiatique, celle dont le stigmate est pelté, et dont
les feuilles sont réduites à une seule paire de folioles, on observe
une gousse aplatie, qui dans sa portion inférieure, étroite et allongée,
ressemble à un phyllode et s'ouvre par sa portion supérieure seulement; là se trouve une cavité qui renferme une graine dont l'embryon
est charnu. Les *Hardwickia* sont des arbres inermes de l'Asie et de
l'Afrique tropicales [1]. Deux des trois espèces du genre sont asiatiques.
Leurs feuilles sont alternes, paripinnées, ayant de deux à six folioles
coriaces. Les fleurs sont disposées en grappes ramifiées; elles sont accompagnées de bractées et de bractéoles latérales écailleuses.

Les *Prioria* [2] sont fort analogues, quant aux fleurs, aux *Hardwickia*.
Le réceptacle floral y est peu développé [3] et porte un calice à cinq divisions profondes, étroitement imbriquées dans la préfloraison. L'androcée
est formé de dix étamines, dont cinq superposées aux sépales, et cinq
alternes. Elles sont libres, et l'insertion de leur filet [4] est à peine périgynique. Les anthères sont biloculaires, introrses, déhiscentes par deux
fentes longitudinales, avec un connectif épais et apiculé. Le gynécée
s'insère au centre du réceptacle. Son ovaire, supporté par un pied court,
renferme un ou deux ovules descendants, anatropes, semblables à ceux
des *Copaifera*. Le style est court, subulé, à extrémité stigmatifère
obtuse [5]. La gousse est orbiculaire-obovale, oblique, aplatie, ligneuse,
bivalve; elle renferme une grosse graine descendante, dont l'embryon,

1. ROXB, *Fl. ind.*, II, 425. — WIGHT et
ARN., *Prodr.*, I, 284.
2. GRISEB., *Fl. brit. w. Ind.*, 215. —
BENTH., in *Trans. Linn. Soc.*, XXIII, 390, t. 40.
— B. H., *Gen.*, 585, n. 363.
3. Il est cependant plus concave que dans les
genres précédents et doublé de tissu glanduleux. Il en résulte que l'insertion de l'androcée

et du périanthe devient ici réellement périgynique.
4. Dans le bouton, le filet est réfléchi, de
manière que l'anthère est ramenée tout au fond
de la fleur, contre le pied du gynécée et en dedans de l'insertion de l'androcée.
5. Dans le bouton, le style est réfléchi; son
sommet vient toucher le dos de l'ovaire.

dépourvu d'albumen, a deux cotylédons épais, charnus, cohérents, et
une radicule courte et épaisse. La seule espèce connue du genre, le
P. Copaifera GRISEB., est un grand arbre inerme, de l'Amérique centrale
et des Antilles. Il a des feuilles alternes, paripinnées, à deux ou quatre
folioles, à stipules écailleuses et caduques. Ses fleurs, nombreuses et
petites, sont réunies en épis ramifiés au sommet des rameaux. Chacune
d'elles est placée dans l'aisselle d'une petite bractée, et accompagnée de
deux bractéoles latérales, connées, assez grandes, qui forment au-dessous
de la fleur une sorte de sac à deux lèvres.

La plupart des *Cynometra* [1] sont aussi très-faciles à définir quand on
connaît les Copaïers : ce sont des *Copaifera* à cinq pétales imbriqués.
Cependant toutes les espèces de ce genre ne sont pas absolument construites de même. Il y en a dont les fleurs ont un réceptacle légèrement
concave, et, par suite, une insertion légèrement périgynique des sépales.
Ceux-ci sont assez souvent au nombre de cinq, les deux folioles postérieures du calice demeurant indépendantes. L'androcée a quelquefois
plus de dix étamines, par suite du dédoublement de quelques-uns de ses
éléments [2]; et les filets staminaux, au lieu d'être libres dans toute leur
étendue, sont quelquefois légèrement monadelphes à leur base. L'ovaire
renferme, tantôt deux, et tantôt un seul ovule, descendant et anatrope,
avec le micropyle dirigé en haut et en dehors. Le fruit est court, droit ou
arqué, réniforme, épais, bivalve, souvent rugueux ou verruqueux à la
surface; il renferme une grosse graine descendante, dont les téguments
recouvrent un embryon charnu, sans albumen, à radicule supère, enve-
loppée par la base auriculée des cotylédons. Les *Cynometra* sont des
arbres et des arbustes inermes des régions tropicales du monde entier;
on en connaît une vingtaine d'espèces [3]. Leurs feuilles sont alternes,
paripinnées, avec une ou quelques paires de folioles insymétriques, et
des stipules caduques. Leurs fleurs sont réunies en grappes courtes,
souvent corymbiformes ou ombelliformes, insérées dans l'aisselle des
feuilles ou sur le bois des branches ou du tronc. Chaque fleur est
située à l'aisselle d'une bractée qui, dans la portion inférieure de l'inflo-

1. L., *Gen.*, n. 519. — J., *Gen.*, 350. —
LAMK, *Dict.*, II, 240, t. 331.— GÆRTN., *Fruct.*,
II, 350, t. 156. — DC., *Prodr.*, II, 509. —
SPACH, *Suit. à Buffon*, I, 117. — ENDL., *Gen.*,
n. 6784. — B. H., *Gen.*, 586, n. 367. —
Metrocynia DUP.-TH., *Gen. nov. madag.*, 22.
— DC., *op. cit.*, II, 507. — ENDL., *Gen.*,
n. 6783. — *Cynomorium* RUMPH., *Herb. am-
boin.*, I, 163, t. 62 (nec MICH.).

2. Quelquefois encore, il y a dix étamines,

mais elles ne sont pas toutes fertiles; quelques-
unes sont réduites aux filets des postérieures.

3. ROXB., *Pl. coromand.*, III, 286.— HAYNE,
Arzn., XI, t. 17 (*Trachylobium Martianum*).
— BENTH., in *Hook. Journ*, II, 99; in *Trans.
Linn. Soc.*, XXV, 318.— HOOK. F., *Niger*, 328.
— A. RICH., *Fl. cub.*, 232, t. 41. — TUL., in
Arch. Mus., IV, 178. — A. GRAY, *Bot. Unit.
States expl. exp.*, t. 52. — WALP., *Rep.*, I,
853; V, 573; *Ann.*, II, 449; IV, 601.

rescence, prend souvent un grand développement et forme avec les bractées voisines une sorte d'involucre caduc; il y a souvent encore deux bractéoles colorées.

Il y a aussi cinq sépales et cinq pétales dans les petites fleurs des *Pterogyne* [1]. Ils s'insèrent au pourtour d'un petit disque circulaire et sont imbriqués [2] dans la préfloraison. Les étamines ont la même insertion et sont libres, au nombre de dix, avec des anthères introrses, biloculaires et déhiscentes par deux fentes longitudinales. Le gynécée est formé d'un ovaire à pied court, surmonté d'un style arqué, à sommet stigmatifère tronqué. L'ovule unique que renferme l'ovaire est suspendu, anatrope, avec le micropyle supérieur et extérieur. Sur son bord placentaire, l'ovaire porte une petite expansion longitudinale qui devient une aile mince et rigide dans le fruit sec, samaroïde, aplati, indéhiscent, monosperme. La graine, descendante, comprimée, renferme sous ses téguments un embryon charnu, à radicule supère et rectiligne. Le *P. nitens* [3], seule espèce connue de ce genre, est un arbre inerme du Brésil et des régions plus méridionales de l'Amérique. Ses feuilles sont alternes, paripinnées, accompagnées de petites stipules caduques. Ses fleurs sont disposées en petites grappes axillaires, amentiformes, à bractées écailleuses, imbriquées d'abord, puis caduques.

Les *Sindora* [4] ont des fleurs hermaphrodites, avec un réceptacle court, convexe, et un calice de quatre sépales [5], dont un postérieur, représentant à lui seul deux folioles, imbriqués seulement suivant leurs bords taillés en biseau, comme dans les Détares et la plupart des Copaïers. La corolle est représentée par un seul pétale allongé, superposé au sépale postérieur. Les étamines sont hypogynes, au nombre de dix. L'une d'elles, la postérieure, est libre et stérile, pourvue d'une anthère peu développée, sans pollen. Les neuf autres sont monadelphes à la base, déclinées, puis libres, et pourvues d'une anthère qui est stérile dans les sept antérieures [6], et fertile, bien plus développée, dans les deux étamines alternes avec le pétale. Là l'anthère est introrse, biloculaire, déhiscente par deux fentes longitudinales. Le gynécée est formé d'un

---

1. TUL., in *Ann. sc. nat.*, sér. 2, XX, 140 ; in *Arch. Mus.*, IV, 130. — B. H., *Gen.*, 586, n. 366.

2. Ordinairement les deux sépales latéraux sont tout à fait extérieurs. Le sépale postérieur et l'un des antérieurs sont tout à fait enveloppés.

3. TUL., in *Arch. Mus.*, loc. cit., 131, t. 9. — WALP., *Rep.*, V, 577.

4. MIQ., *Fl. ind. bat.*, Suppl., I, 287 ; *Ann.*

Mus. lugd.-bat., III, 86. — *Echinocalyx* B. H., *Gen.*, 584, 1003, n. 359.

5. Ils sont plus ou moins chargés d'aiguillons mous dans certaines espèces ; d'où le nom générique d'*Echinocalyx*. Dans l'espèce cochinchinoise, leur surface intérieure, concave, est tapissée de poils rigides, serrés les uns contre les autres, remplissant presque toute leur concavité.

6. Elle peut même, dit-on, disparaître complétement.

ovaire à pied court, renfermant de deux à quatre ou cinq ovules obliquement descendants ou transversaux, surmonté d'un style d'abord enroulé, à extrémité stigmatifère un peu renflée. Le fruit est une gousse à pied court, irrégulièrement orbiculaire, aplatie, coriace, chargée d'aiguillons en dehors, bivalve, renfermant une graine ovoïde, à funicule dilaté en arille cupuliforme, avec un embryon épais, à radicule courte, incluse, à cotylédons charnus, sans albumen. Les *Sindora* sont des arbres inermes, de l'Asie tropicale et de la Malaisie. Leurs feuilles sont alternes, paripinnées, paucijugées ; leurs fleurs sont réunies en grappes ramifiées, terminales.

Comme celles des *Sindora*, les fleurs du *Cryptosepalum tetraphyllum* [1] n'ont qu'un pétale postérieur ; mais en même temps leur calice est réduit à de si petites dimensions, que les bractéoles latérales le suppléent dans son rôle protecteur, et forment, en se rapprochant bords à bords, un sac qui enveloppe d'abord le bouton tout entier. A cet égard, le *Cryptosepalum* est donc, dans cette série, l'analogue du *Didelotia* parmi les Amherstiées. Les sépales sont représentés par quatre petites écailles ; les étamines sont au nombre de trois ; leurs filets sont libres, courts, et leurs anthères, introrses, biloculaires, versatiles ; le gynécée est semblable à celui des Copaïers et des Détares. On ne connaît pas le fruit de cet arbuste, inerme et rameux, de l'Afrique tropicale occidentale. Ses feuilles sont paripinnées, avec une ou deux paires de folioles coriaces, et de petites stipules latérales. Ses fleurs sont disposées en courtes grappes axillaires ; leurs bractées caduques tombent alors que les bractéoles persistent à droite et à gauche de chaque fleur. En même temps que, par ses affinités avec le *Didelotia*, le *Cryptosepalum* relie les Amherstiées les plus imparfaites aux Copaïférées, le *Zuccagnia*, qu'on avait placé aussi parmi ces dernières, les rattache, on le voit actuellement, à celles des Cæsalpiniées dont l'organisation florale est le moins compliquée.

1. Benth., *Gen.*, 584, 1003, n. 360 ; in *Trans. Linn. Soc.*, XXV, 315, t. 43 B. — *Cy-* *nometra ? tetraphylla* Hook. F., *Niger*, 329. — Walp., *Ann.*, II, 449, n. 2.

VIII. SÉRIE DES DIMORPHANDRA.

Les *Dimorphandra* [1] (fig. 131, 132) ont les fleurs régulières et hermaphrodites ; leur réceptacle, très-étroit, supporte un calice gamosépale,
une corolle polypétale, un androcée diplostémoné et un gynécée libre.
Le calice est à cinq divisions plus ou moins profondes, disposées dans
le bouton en préfloraison valvaire [2]. La corolle est régulière, ou à peu

Dimorphandra speciosa.

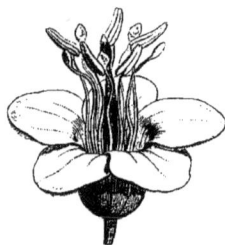

Fig. 131. Fleur (⁴⁄₇).   Fig. 132. Fleur, coupe longitudinale.

près, imbriquée de telle façon que le pétale vexillaire soit enveloppé par
ses deux bords. Les étamines sont de deux sortes et à peu près hypogynes. Celles qui sont superposées aux pétales sont fertiles, formées
chacune d'un filet libre, de forme variable, et d'une anthère biloculaire,
introrse, déhiscente par deux fentes longitudinales [3]. Celles qui sont
alternes avec les pétales sont au contraire stériles. Elles consistent en
un corps obpyramidal [4], ou en un long staminode grêle, terminé par

1. Schott, ap. Spreng., *Syst.*, *Cur. post.*,
404.— Endl., *Gen.*, n. 6824.— B. H., *Gen.*,
587, n. 370. — *Mora* Schomb., ex Benth., in
Trans. Linn. Soc., XVIII, 207, t. 16, 17.
2. Souvent les divisions courtes et épaisses du
calice ne se touchent même plus de très-bonne
heure ; mais dans quelques espèces, où elles sont
un peu plus longues, comme dans le *D. mollis*,
elles se recouvrent légèrement au premier âge.
3. Le plus souvent le filet s'attache, par son
sommet très-fin, à un connectif allongé, épais,
coriace, de couleur ordinairement foncée. Les
deux loges sont linéaires et n'occupent, de chaque côté, qu'une faible largeur du connectif.
4. Dans ce cas, les cinq staminodes se collent

entre eux par leur portion supérieure et intérieure, et forment ainsi une sorte de voûte à
cinq piliers. On n'aperçoit dans l'intervalle des
piliers que le filet des étamines fertiles. Leur
anthère est logée en grande partie dans des fossettes allongées dont la face interne des staminodes est creusée. Telles sont les espèces dont
M. Tulasne (in *Arch. Mus.*, IV, 186) a fait la
section *Pocillum*. Dans les autres sections du
genre (*Eudimorphandra* Tul., *loc. cit.*, 183 ;
Phaneropsia Tul., *loc. cit.*, 188), les staminodes
sont plus grêles dans leur portion supérieure, et
se renflent à leur sommet en une petite tête cla-
viforme, plus ou moins oblique, souvent un peu
concave et cupuliforme en dessus.

une tête en massue. Le gynécée est central, sessile ou supporté par un pied court; il se compose d'un ovaire pluriovulé [1], atténué supérieure-ment en un style très-court ou presque nul, dont le sommet, à peine renflé, est chargé de papilles stigmatiques. Le fruit est une gousse allongée, aplatie, à endocarpe épais et ligneux, partagé par des fausses-cloisons peu saillantes en autant de logettes qu'il y a de graines [2]. L'en-docarpe se sépare en deux valves planes, puis révolutées, élastiques, auxquelles l'exocarpe demeure adhérent dans certaines espèces [3], tandis qu'il s'en sépare, dans d'autres, suivant toute son étendue [4]. Les graines renferment, sous leurs téguments membraneux, un embryon verdâtre qu'enveloppe un albumen charnu [5]. Les *Dimorphandra* sont des arbres inermes qui, au nombre d'une dizaine d'espèces [6], habitent l'Amérique tropicale. Leurs feuilles sont alternes, composées-pennées [7], ou plus souvent bipinnées, accompagnées à leur base de stipules latérales peu développées. Leurs fleurs, ordinairement petites et nombreuses, sont réunies en grappes ou en épis simples ou ramifiés, à l'extrémité des rameaux. Chacune d'elles est placée dans l'aisselle d'une petite bractée caduque.

Dans les *Burkea* [8], plantes de l'Afrique tropicale et australe, l'insertion à peine périgynique et le périanthe sont semblables à ce qu'on observe dans les *Dimorphandra*. Mais les dix étamines sont fertiles; et leurs filets libres sont surmontés d'une anthère biloculaire, introrse, dont le con-nectif se termine par un apicule glanduleux. L'ovaire, sessile ou à peu près, se termine par un style large et court, à sommet concave, plus ou moins oblique, tapissé de papilles stigmatiques. L'ovaire renferme deux ovules, transversaux ou descendants, avec le micropyle extérieur et supé-rieur, ou un seul ovule, souvent ascendant à l'âge adulte, avec le micro-pyle dirigé en bas et en dedans. Le fruit est oblong, comprimé, coriace, indéhiscent (?). Il renferme une ou deux graines comprimées, presque orbiculaires, dont l'embryon est entouré d'un albumen mince et carti-lagineux. On connaît deux espèces de ce genre [9].

Les *Erythrophlœum* [10] (fig. 133, 134) ont le réceptacle floral bien plus

---

1. Les ovules sont descendants, avec le micro-pyle supérieur et extérieur.
2. Le fruit est monosperme, dit-on, dans le *D. guianensis* (*D. Mora* BENTH; — *Mora guia-nensis* SCHOMB.).
3. Tel est le *D.* (*Pocillum*) *vernicosa* SPRUCE.
4. Comme dans le *D. mollis* BENTH., in *Hook. Journ.*, II, 102.
5. L'albumen manque peut-être dans certaines

espèces; car M. BENTHAM donne l'absence du périsperme comme un caractère générique.
6. WALP., *Rep.*, 574.
7. Dans les véritables *Mora* SCHOMB., *loc. cit.*
8. HOOK., *Icon.*, t. 593. — ENDL., *Gen.*, n. 6767[1]. — B. H., *Gen.*, 587, n. 369.
9 HARV. et SOND., *Fl. cap.*, II, 271.
10. AFZEL., ex R. BR., in *Tuck. Congo*, 438; *Misc. Works*, ed. BENN., I, 153, 290. — G. DON,

concave que les deux genres précédents; de sorte que l'insertion de leur
périanthe et de leur androcée est bien plus nettement périgyne. Sur les
bords de la coupe réceptaculaire, doublée de tissu glanduleux, s'insèrent
un calice gamosépale à cinq dents; cinq pétales, égaux entre eux, très-
légèrement imbriqués d'abord, puis valvaires, et dix étamines libres,
superposées, cinq aux dents du calice, et cinq aux pétales; ces dernières

Erythrophlœum guineense.

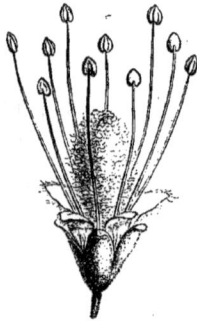

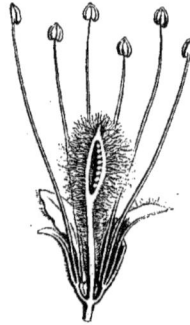

Fig. 133. Fleur (4/1).   Fig. 134. Fleur, coupe longitudinale.

sont les plus courtes. Chacune d'elles est formée d'un filet et d'une
anthère biloculaire, introrse, déhiscente par deux fentes longitudinales,
à connectif souvent surmonté d'une pointe mousse, glanduleuse. Le
gynécée est supporté par un long pied grêle qui s'insère au fond du
réceptacle. Son ovaire [1] renferme un nombre indéfini d'ovules, et est
surmonté d'un style court, dont le sommet, non renflé, est stigmatifère.
Le fruit est une gousse, oblongue, aplatie, coriace ou ligneuse, bivalve,
dont les graines sont entourées d'une pulpe plus ou moins épaisse. Elles
renferment, sous leurs téguments [2], un embryon charnu qu'entoure un
albumen épais et charnu ou presque corné. Les *Erythrophlœum* sont des
arbres inermes de l'Afrique [3] et de l'Australie [4] tropicales. Leurs feuilles
sont alternes, bipinnées, à folioles assez larges, peu nombreuses, co-

---

Syst., II, 424. — ENDL. , Gen., n. 6818. —
B. H., Gen., 588, n. 371. — *Fillæa* GUILL. et
PERR., Fl. Seneg. Tent., I, 242, t. 55.— *Maria*
BERTOL. F., Ill. Piant. Mossamb., I, 10, t. 3.
— *Laboucheria* F. MUELL., in Journ. Linn.
Soc., III, 158.

1. Souvent chargé de très-longs poils laineux.
2. Le tégument moyen est très-dur; il est entouré d'une couche molle qui s'épaissit beaucoup
au contact de l'eau (voy. Adansonia, VI, 204).

3. L'espèce anciennement connue, que les auteurs du Floræ Senegambiæ Tentamen ont nommée
Fillæa suaveolens, est l'*E. guineense* DON. Nous
ne saurions la distinguer du *Mavia judicialis*
BERTOL. F., dont nous n'avons sous les yeux
qu'un échantillon imparfait, et qui se trouve sur
la côte orientale.

4. *E. chlorostachys.* — *E. Laboucheri* BENTH.,
Fl. austral., II, 297. — *Laboucheria chlorostachys* F. MUELL., loc. cit., 159.

riaces. Leurs fleurs sont disposées en grappes ramifiées au sommet des rameaux. Chacune d'elles est supportée par un pédicelle articulé à sa base et inséré dans l'aisselle d'une bractée caduque.

Nous plaçons à la fin de cette série le *Brandzeia filicifolia*[1] (fig. 135-137), dont les affinités avec les Eucæsalpiniées[2] et avec les Mimosées

Brandzeia filicifolia.

Fig. 135. Port ($\frac{1}{7}$).

sont incontestables, et qui, avec les fleurs régulières des genres précédents, a un réceptacle plus concave[3] encore que celui des *Erythrophlœum*, et un calice plus profondément imbriqué. Les sépales sont au nombre de quatre[4] ou cinq; et les pétales[5], également imbriqués, sont

---

1. H. Bn, in *Adansonia*, IX, 215, t. VI.

2. On aurait pu le placer, à la rigueur, parmi ces dernières; car il se rapproche beaucoup des *Cæsalpinia*, dont il diffère surtout par la plus grande régularité de sa corolle, et les filets, nus à la base et non déclinés, de ses étamines.

3. Doublé d'un tissu glanduleux qui, vers les bords, se partage en dix petites crénelures.

4. Dans ce cas, il y en a un qui, plus large que les autres, représente évidemment deux folioles.

5. Ils sont quelquefois aussi au nombre de quatre.

atténués inférieurement en un long onglet. Les dix étamines sont fertiles, superposées, cinq aux sépales, et cinq aux pétales. Chacune d'elles se compose d'un long filet libre, involuté, puis exsert, et d'une anthère biloculaire, introrse, à connectif glanduleux. Le gynécée est central, formé d'un ovaire pluriovulé [1], stipité et surmonté d'un style à extrémité

Brandzeia filicifolia.

Fig. 136. Fleur (⅔).   Fig. 137. Fleur, coupe longitudinale.

stigmatifère à peine renflée. Le fruit est une gousse, de taille variable, souvent oblongue, comprimée, couverte d'un duvet velouté ferrugineux, bordée de sutures un peu saillantes, et rarement plane, mais plus souvent inégalement bosselée sur ses deux faces. Elle paraît indéhiscente et renferme dans des logettes que forme son endocarpe un nombre variable de graines supportées par un funicule grêle ; leurs téguments sont analogues à ceux des *Erythrophlœum* [2] et recouvrent un albumen épais, de consistance particulière [3], enveloppant lui-même un embryon verdâtre. Le *B. filicifolia* est un petit arbre inerme des îles orientales de l'Afrique tropicale. Ses feuilles sont alternes, bipinnées et composées d'un trèsgrand nombre de petites folioles. Ses fleurs sont réunies en faussesgrappes ramifiées, portées sur le bois des jeunes rameaux.

———

C'est à R. Brown [4] qu'on doit l'établissement du groupe des Cæsal-

---

1. Il y a ordinairement dix à douze ovules, disposés sur deux rangées et obliquement descendants.

2. Le second tégument est d'une dureté extrème. En dehors de lui est une couche qui, sous l'influence de l'eau, se gonfle, puis se déchire et se renverse inégalement.

3. Il a une apparence farineuse ou demi-

cristalline, et sa substance, comme l'aleurone, se dissout rapidement au contact de l'eau, après s'être dissociée en devenant translucide, surtout dans certaines portions.

4. *Gen. Rem.*, 19 ; *Congo*, 10? *Misc. Works*, ed. BENN., I, 23, 100, 240 (*Lomentaceæ* v. *Cæsalpineæ*).

piniées [1], considérées par quelques auteurs comme formant un ordre ou une famille distincte [2], et par le plus grand nombre comme constituant simplement une sous-famille [3] parmi les Légumineuses. Il est bien difficile de trouver un seul caractère constant qui distingue d'une façon vraiment absolue les Cæsalpiniées des autres Légumineuses. On peut toutefois dire, d'une manière générale, qu'elles ont un embryon rectiligne [4] et une corolle dont l'imbrication n'est pas vexillaire dans la préfloraison. Il y a cependant quelques Légumineuses de la série des Bauhiniées, dont l'embryon possède une radicule plus ou moins arquée; et, d'autre part, bien des Papilionacées ont des graines à radicule complétement rectiligne. En second lieu, nous avons vu des genres, comme les *Tamarindus*, les *Cadia*, les *Vouapa*, etc., dont la corolle a un pétale vexillaire tantôt recouvert et tantôt recouvrant par les deux bords ou par un seul [5], et d'autres, comme le *Duparquetia*, où la préfloraison vexillaire de la corolle est constante; et nous trouverons çà et là, parmi les Papilionacées, des plantes où cette préfloraison vexillaire est loin d'être invariable. Nous faisons donc nos restrictions quand nous disons que : très-généralement, les Cæsalpiniées sont des Légumineuses rectembryées, à préfloraison non vexillaire.

Tous les autres caractères auxquels on attache ailleurs une importance considérable deviennent ici tellement variables, qu'on peut dire qu'ils sont à peu près aussi fréquemment présents qu'absents. Les fleurs sont régulières ou irrégulières, à calice [6] valvaire ou imbriqué, avec ou sans corolle, à insertion hypogynique ou périgynique; les étamines sont libres ou adelphes; le gynécée est central ou excentrique [7]. Le fruit est déhis-

1. En réalité, c'est ADANSON qui, en 1763, avait distingué le même groupe dans la famille des Légumineuses, sous le titre de : « Première section : les Casses. » Il y comprenait, il est vrai, les Mimosées peu nombreuses que l'on connaissait de son temps. (Voy. *Fam. des pl.*, II, 317.)

2. A. BRONGN., *Enum.* (1843), 132, *fam.* 283. — J. G. AGARDH, *Theor. Syst. plant.* (1858), 212.

3. J., *Gen.*, 346, etc. — DC., *Prodr.*, II (1825), 473 (subord. IV). — ENDL., *Gen.*, 1310 (trib. VIII). — LINDL., *Veg. Kingd.*, 549. — B. H., *Gen.*, 436, 457 (subord. II).

4. DC., *Prodr.*, II, 94, tab. synopt. « *Leguminosæ rectembryæ, nempe embryonis radicula recta.* » Ce groupe est subdivisé : en Mimosées, dont les pétales seraient valvaires et les étamines hypogynes, et en Cæsalpiniées, dont les pétales seraient imbriqués et les étamines périgynes. Il est inutile d'insister sur les caractères trop tranchés, trop absolus de cette subdivision.

5. Voy. pages 74, 104, 109.

6. Nous nous attachons toujours, autant que possible, à distinguer dans nos descriptions la portion réceptaculaire de la fleur du calice proprement dit. Ainsi, tandis que MM. BENTHAM et HOOKER, à l'exemple de leurs prédécesseurs, décrivent presque constamment une portion tubuleuse ou cupuliforme du calice, qui serait d'une seule pièce et que doublerait le disque, et une portion libre, souvent divisée jusqu'à sa base, nous considérons la première de ces portions, celle que double ordinairement le disque, comme appartenant à l'axe réceptaculaire. Pour nous, par suite, le calice est bien plus fréquemment dialysépale dans les Cæsalpiniées.

7. Dans ce cas, le gynécée n'est pas pour nous, comme pour la plupart des auteurs, adné au tube du calice; mais, par suite de développements inégaux dans les différentes portions du réceptacle floral, le sommet organique de celui-ci, au niveau duquel correspond toujours l'insertion du gynécée, devient plus ou moins excentrique, comme dans la plupart des Chrysobalanées,

cent ou indéhiscent, mono- ou polysperme ; les graines sont pourvues ou
dépourvues d'albumen. Les feuilles sont pennées ou bipennées, avec ou
sans stipules. Peu de caractères existent d'une façon tout à fait exceptionnelle : des feuilles simples ou unifoliolées [1] ; des étamines en nombre
indéfini [2] ; des fleurs diclines [3] et des tiges herbacées. Ce dernier caractère ne se rencontre que dans quelques Casses ou dans quelques Brésillets
de la section *Hoffmanseggia*.

En 1825, De Candolle ne connaissait que trente-quatre des genres
actuellement conservés dans le groupe des Cæsalpiniées. Il y plaçait
trois types, aujourd'hui encore fort mal connus, et dont la place est
des plus incertaines : l'*Aloexylum* [4], l'*Anoma* [5] et le *Baryxylum* [6] de
Loureiro, et il y faisait entrer les Dalbergiées, rapportées de nos jours
à la sous-famille des Papilionacées. R. Brown, aux genres précédem-
ment connus, ajouta le *Petalostyles* en 1817, et fit connaître en 1818
l'*Erythrophlœum* d'Afzelius. Le *Labichea* fut décrit par Gaudichaud
(1817) ; l'*Apuleia* par Martius (1837) ; le *Pœppigia* par Presl (1832) ;
l'*Amherstia* par Wallich (1830). Schott avait fait connaître dans les
Curæ posteriores du grand ouvrage de Sprengel, en 1827, le *Melanoxylon* et le *Dimorphandra*. Vogel a établi en 1834 les deux genres
Schizolobium et *Sclerolobium*. Dans ses travaux spéciaux sur les Légumineuses du Brésil, M. L. R. Tulasne décrivit, à partir de 1843, les
genres *Cercidium, Diptychandra, Phyllocarpus, Pterogyne* et *Thyla-*

---

et demeure plus ou moins rapproché des bords
de la coupe, du sac ou du tube que représente le
réceptacle. L'étude organogénique confirme d'ailleurs cette manière d'interpréter les faits. (Voy.
Adansonia, VI, 187.)

1. Dans les *Griffonia*, *Cercis*, certains *Bauhinia*, le *Palovea*, le *Barklya*.

2. Dans les *Campsiandra*, certains *Brownea*,
Storckiella, *Cynometra*.

3. Dans les *Gleditschia*, *Gymnocladus*, *Ceratonia*, quelques *Bauhinia*, *Cynometra*, *Erythrophlœum*.

4. Lour., *Fl. cochinch.*, 269. — DC.,
Prodr., II, 518. — Endl., *Gen.*, n. 6786. —
B. H., *Gen.*, 464. — H. Bn, in *Dict. encycl. des
sc. médic.*, III, 378. Cet arbre, célèbre en ce qu'on
lui attribue la production d'un des *Bois d'aigle*
du commerce (« *verum lignum* Aloes *largiens* »
Endl.), est décrit comme ayant des feuilles
simples, alternes, des fleurs à quatre sépales,
cinq pétales et dix étamines. Son fruit est ainsi

indiqué : « *Legumen lignosum læve falcatum
1-spermum. Semen oblongum curvum arilla-
tum.* » La plante ne peut, à ce qu'il semble, être
retrouvée en Cochinchine. Ce qu'on sait de son
organisation la rapproche à la fois des *Copaifera*,
des *Cynometra* et des Connaracées.

5. Lour., *op. cit.*, 280. — Endl., *Gen.*,
n. 6779. « Ab auctore in uno genere cum *Mo-
ringa* inclusa, a DC. (*Prodr.*, II, 480) pro genere
proprio admittitur. E descriptione tamen nequaquam recognoscenda, nisi *Cæsalpiniæ* ipsæ
species, foliis perperam oppositis dictis. » (B. H.,
Gen., 464.)

6. Lour., *op. cit.*, 268. — DC., *Prodr.*, II,
87. — Endl., *Gen.*, n. 6781 a (*Cassia*). « Est
genus valde dubium. Descriptio auctoris pluri-
bus notis *Cassiam* refert. Icon Rumphii dubie
citata est *Afzeliæ* species. Specimen Loureiria-
num, errore quodam sub hoc nomine in herb.
Mus. brit. servatum, cum charactere nequaquam
convenit. » (B. H., *Gen.*, 464.)

canthus. C'est en Angleterre, ou dans ses possessions coloniales, que furent déterminés et étudiés le plus grand nombre de types nouveaux, dans ces quarante dernières années : l'*Acrocarpus* de Wight, le *Burkea* de W. Hooker, le *Colvillea* de Bojer, l'*Elisabetha* de Schomburgk, le *Daniella* de M. Bennett, le *Wagatea* de M. Dalzell, le *Prioria* de M. Grisebach, et le *Storckiella* de M. Seemann. Dans ses incessants travaux sur la famille des Légumineuses, M. Bentham découvrit les six genres *Campsiandra*, *Dicorynia*, *Martia*, *Baikiœa*, *Cryptosepalum* et *Distemonanthus*, et publia les genres *Berlinia* de Solander, et *Batesia* de Spruce. M. Miquel a fait connaître, en 1859, les *Sindora* de l'Asie tropicale ; et nous avons, depuis 1865, déterminé les cinq genres *Didelotia*, *Griffonia*, *Duparquetia*, *Baudouinia* et *Brandzeia*, en même temps que nous démontrions que le *Vouacapoua* d'Aublet constituait un genre, non identique avec les *Andira*, comme on le disait jusqu'alors, mais appartenant à la série des Sclérolobiées, et extrêmement voisin du *Batesia*.

Ainsi se trouve porté à soixante-douze le nombre des genres incontestés que nous croyons devoir conserver dans la sous-famille des Cæsalpiniées. Leur distribution géographique est généralement limitée à une zone de 40 degrés au nord et de 40 degrés au sud de l'équateur. Les Cæsalpiniées sont donc presque toutes des plantes des régions les plus chaudes du globe. Il n'y a d'exceptions que pour le Chicot, le Caroubier, les Gaîniers, et quelques représentants des genres Février, Casse et Brésillet. Il n'y a guère de pays chaud du monde où l'on n'ait observé des *Cassia*, des *Bauhinia*, des *Cæsalpinia*, des *Parkinsonia*, des *Tamarindus*, des *Hymenœa*, des *Cynometra*, et même des *Dialium* et des *Vouapa*. Un seul genre est commun à l'Amérique, à l'Asie et à l'Afrique tropicales, sans être également répandu dans ces trois parties du monde et en n'étant représenté dans l'une d'elles que par un nombre très-restreint d'espèces : tels sont les *Apalatoa*, si communs dans l'Amérique tropicale, si rares en Afrique et en Asie. Un autre genre, inconnu en Asie et en Australie, est commun à l'Afrique et à l'Amérique tropicales : c'est le genre Copaïer. Vingt-quatre genres n'ont été observés jusqu'ici, à l'état spontané, que dans le nouveau monde : les *Hœmatoxylon*, *Gymnocladus*, *Schizolobium*, *Cercidium*, *Martia*, *Apuleia*, *Palovea*, *Elisabetha*, *Heterostemon*, *Brownea*, *Eperua*, *Tachigali*, *Prioria*, *Zuccagnia*, *Pterogyne* et *Dimorphandra*, plus les neuf genres, tous américains, qui forment la série des Sclérolobiées. Tous les autres genres, au nombre de trente-sept, sont uniquement originaires de l'ancien monde. Un grand nombre de types sont bornés à une portion très-étroite du globe. Ainsi les *Acrocarpus*, *Wagatea*, *Amherstia*, n'occupent qu'une région limitée de l'Asie tropicale ; les *Pterogyne*, *Zuccagnia*, *Phyllocarpus*, *Dicorynia*, *Batesia*, *Apuleia*, *Palovea*, *Elisabetha*, *Eperua*, *Prioria*, etc., une portion relativement étroite de l'Amérique tropicale. Il n'y a qu'en Australie qu'on ait rencontré les *Labichea*, *Petalostyles*, *Barklya*. Les *Storckiella* sont uniquement océaniens. A l'Afrique tropicale appartiennent exclusivement les *Detarium*, *Didelotia*, *Cryptosepalum*, *Baikiæa*, *Daniella*, *Berlinia*, *Griffonia*, *Distemonanthus*, *Duparquetia* ; et les genres *Baudouinia*, *Colvillea*, *Brandzeia* n'ont été trouvés qu'à Madagascar ou dans les îles voisines. On peut évaluer à huit cent cinquante le nombre des espèces connues de ce groupe. Cinq cents environ sont spéciales à l'ancien monde, et trois cent cinquante au nouveau.

Les divisions qu'on a dû établir dans ce groupe, pour la commodité de l'étude, ne sont pas des plus naturelles. Les limites des tribus en séries ne sont guère plus nettes et plus absolues, dans la plupart des cas, que celles qui séparent les Cæsalpiniées des autres Légumineuses. Cependant elles rendent des services réels dans la pratique, et c'est pour cela que, sans nous faire d'illusion sur ce qu'elles présentent d'artificiel, nous avons pleinement adopté les subdivisions proposées par M. BENTHAM. Ce sont les suivantes, avec leurs principaux caractères.

I. CADIÉES. — Fleurs régulières. Réceptacle concave. Périanthe et androcée à insertion périgynique. Corolle tordue ou imbriquée ; pétale vexillaire enveloppant, enveloppé, ou recouvert par un bord et recouvrant par l'autre. Androcée régulier diplostémoné ; étamines libres. Graine sans albumen. Embryon à radicule infléchie. Feuilles imparipinnées (1 genre).

II. EUCÆSALPINIÉES. — Fleurs irrégulières ou presque régulières. Calice dialysépale. Corolle imbriquée, avec le pétale vexillaire recouvert par les deux bords. Androcée diplostémoné, rarement isostémoné. Étamines libres ; anthères versatiles. Gynécée inséré au fond du réceptacle, libre. Feuilles bipinnées, rarement pennées ou unifoliolées (14 genres).

III. SCLÉROLOBIÉES. — Mêmes fleurs que les Eucæsalpiniées. Feuilles imparipinnées, plus rarement paripinnées, non décomposées (9 genres).

IV. AMHERSTIÉES. — Fleurs à gynécée excentrique, inséré plus ou moins haut sur la paroi postérieure du tube réceptaculaire, la suture non placentaire du carpelle placée du côté de la cavité réceptaculaire. Sépales imbriqués, très-rarement valvaires. Corolle irrégulière ou nulle. Feuilles alternes, pari- ou imparipinnées (20 genres).

V. BAUHINIÉES. — Fleurs à gynécée central ou excentrique, et inséré, dans ce cas, plus ou moins haut sur la paroi antérieure du tube réceptaculaire, la suture placentaire du carpelle placée du côté de la cavité réceptaculaire. Calice gamosépale, s'ouvrant d'une façon variable, à dents ou lobes imbriqués. Corolle régulière ou irrégulière. Feuilles simples, entières, bilobées ou, plus rarement, bifoliolées (3 genres).

VI. CASSIÉES. — Fleurs irrégulières ou presque régulières, à gynécée central. Sépales libres, imbriqués, rarement subvalvaires. Étamines en nombre très-rarement supérieur ou même égal à dix, et, dans ce cas, presque toujours en partie stériles du côté postérieur de la fleur, libres, à anthères dressées, basifixes, ou à peu près, déhiscentes par des fentes souvent courtes, ou par des pores. Fleurs pari- ou imparipinnées, non décomposées (13 genres).

VII. COPAIFÉRÉES. — Fleurs petites, à réceptacle peu développé, convexe ou concave. Sépales libres, imbriqués ou valvaires. Pétales nuls, ou plus rarement 1-5, imbriqués. Androcée presque toujours diplostémoné, rarement pléiostémoné. Anthères versatiles. Feuilles pari- ou imparipinnées, assez souvent 2-foliolées (8 genres).

VIII. DIMORPHANDRÉES. — Fleurs petites, régulières, à réceptacle convexe ou concave. Sépales ordinairement imbriqués, unis dans une assez grande étendue. Corolle de cinq pétales, égaux ou à peu près, imbriqués. Androcée diplostémoné ; anthères versatiles ; filets libres. Gynécée libre, à insertion centrale. Feuilles bipinnées, très-rarement pennées (4 genres).

Les usages des Cæsalpiniées sont extrêmement nombreux [1], et il faudrait un volume entier pour les étudier en détail. Comme la plupart sont des plantes des pays chauds, on ne les cultive guère que dans nos serres. Mais plusieurs espèces se rencontrent dans tous les jardins des régions tropicales, à cause de la beauté de leurs fleurs. L'*Amherstia*

---

1. GUIB., *Drog. simpl.*, éd. 4, III, 299. — — ROSENTH., *Synops. plant. diaphor.*, 1031-
DUCH., *Repert.*, 259. — ENDL., *Enchirid.*, 675. 1047.

nobilis WALL. [1] est un des plus splendides végétaux d'ornement que l'on connaisse. Les *Brownea* sont à peu près aussi beaux [2], grâce à leurs nombreuses bractées colorées. Il serait à désirer qu'on pût cultiver dans nos serres les *Afzelia* et les *Berlinia*, dont les splendides corolles ont un parfum délicieux [3]. Les *Schotia* fleurissent assez fréquemment dans nos cultures [4]. Les *Saraca* sont cultivés dans les jardins de l'Inde pour l'éclat de leur calice pétaloïde. Un grand nombre de Casses vivaces, à fleurs jaunes, sont tous les étés rassemblées dans nos parterres. Les Flamboyants de l'Inde et des îles orientales de l'Afrique tropicale sont tous recherchés pour leurs éclatantes fleurs rouges. Les uns sont de véritables *Poinciana* [5]. Les autres sont le *Colvillea racemosa* [6], de Madagascar, et le *Cæsalpinia pulcherrima* [7], qui se retrouve actuellement dans tous les pays tropicaux. Tous les Brésillets arborescents sont ornementaux ; on voit souvent fleurir dans nos jardins le *C. Gilliesii* [8]. Le *Cadia varia* a de jolies fleurs rosées qui rappellent celles des Mauves [9]. Beaucoup de *Bauhinia* ont des fleurs blanches ou roses, d'un aspect agréable. Les Gaîniers, ou Bois de Judée, les Chicots et les Féviers sont communément plantés dans nos jardins et nos parcs, recherchés, les uns pour leurs fleurs précoces, les autres pour leur feuillage ou l'aspect singulier de leurs énormes épines ramifiées.

LINDLEY [10] établit que la principale propriété des Cæsalpiniées est la propriété purgative. Elle est surtout accentuée dans les *Cassia* [11]. A cet égard, ceux-ci peuvent être distingués en deux groupes : les *Cathartocarpus* et les *Senna*. Les premiers fournissent à la médecine la Casse proprement dite ; les derniers, les Sénés. C'est principalement la pulpe des fruits qu'on emploie dans les Casses, notamment dans la plus connue de toutes, le *C. Fistula* [12], ou Canéficier des boutiques. Cette espèce, originaire, dit-on, de l'Éthiopie, mais actuellement répandue dans tous

1. Voy. fig. 65, 66, p. 98 ; *Bot. Mag.*, t. 4453. Les fleurs sont offertes aux dieux dans les temples bouddhistes.

2. Voy. LINDL. et PAXT., *Fl. Gard.*, t. 59. — *Bot. Reg.* (1841), t. 30. — *Bot. Mag.*, t. 3964, 4839.

3. Voy. *Adansonia*, VI, 185, t. III, fig. 10.

4. Le *S. speciosa* JACQ., vulgairement nommé *Belle-Théodore*, très-recherché par les colons du Cap, est la plus remarquable de toutes les espèces par ses belles fleurs rouges. (Voy. HOOK., *Exot. fl.*, t. 159 ; *Bot. Mag.*, t. 1153.)

5. Voy. *Bot. Mag.*, t. 2884.

6. BOJ., in *Bot. Mag.*, t. 3325, 3326.

7. SW., *Obs.*, 166. — *Poinciana pulcherrima* L., *Spec.*, 554. DC., *Prodr.*, II, 484, n. 1.

8. *Poinciana Gilliesii* HOOK., *Bot. Misc.*, I, t. 54 ; *Bot. Mag.*, t. 4006. — LINDL. et PAXT., *Mag.*, I, t. 28.

9. Voy. page 75, fig. 38, 39.

10. *Veg. Kingd.*, 549 ; *Fl. med.*, 258.

11. COLLAD., *Monograph. des Casses*, in-4° (1816).

12. *Cassia Fistula alexandrina* BAUH., *Pin.*, 403. — T., *Instit.*, 619, t. 392 E. — *C. nigra* DOD., *Pempt.*, 787. — *C. Fistula* L., *Spec.*, 540. — GÆRTN., *Fruct.*, II, t. 147, fig. 1. — DC., *Prodr.*, II, 490, n. 10. — GUIB., *Drog. simpl.*, éd. 4, III, 345, fig. 345. — ROSENTH., *op. cit.*, 1035. — *Bactyrilobium Fistula* W., *Enum. hort. berol.*, 439. — *Cathartocarpus Fistula* PERS., *Syn.*, I, 459. — LINDL., *Fl. med.*, 262.

les pays tropicaux, a de grands fruits cylindriques qui atteignent un demi-mètre de longueur. Ils sont lisses, d'un brun noirâtre, obtus aux deux extrémités, indéhiscents et partagés par des cloisons ligneuses transversales en autant de compartiments qu'il y a de graines. Entre la graine et les parois de la chambre qui la contient, se trouve une pulpe sucrée, souvent noirâtre; c'est cette partie qu'on emploie comme pur-gatif doux [1]. On s'est aussi servi, pour le même usage, de la pulpe de la Petite Casse d'Amérique, dont les dimensions sont au plus moitié moindres que celles de l'espèce précédente. On sait actuellement que c'est le fruit du *C. moschata* [2]. Le Canéficier du Brésil (*Cassia brasiliana* Lamk[3]) est aussi employé, dans son pays natal, pour sa pulpe laxative. Les gousses sont bien plus épaisses et plus longues, recourbées en sabre, un peu comprimées, avec des sutures très-saillantes et des ner-vures proéminentes. On cite encore plusieurs espèces voisines comme offrant des propriétés analogues, notamment les *C. javanica* L. [4], *timo-rensis* DC., *bacillaris* L. FIL. [5], et *marginata* Roxb [6].

Les *Senna* fournissent les différentes sortes de Sénés du commerce, plantes purgatives dont on recherche les folioles et surtout les gousses, nommées bien à tort follicules. Ce nom vient sans doute de leur forme aplatie, de leur consistance membraneuse et sèche, de leur apparence générale qui est celle d'une feuille, tantôt rectiligne, elliptique, ovale ou obovale, tantôt arquée et plus ou moins réniforme. En somme, ces fruits se séparent toujours plus ou moins facilement en deux valves, et l'on voit alors que chacune des graines qu'ils renferment, et qui font plus ou moins proéminer le péricarpe au dehors, est séparée des semences voi-sines par une fausse-cloison mince, à évolution centripète. Quoique l'histoire botanique des Sénés comporte encore quelques points obscurs [7], on peut considérer ces médicaments comme fournis principalement par les trois espèces de *Cassia* de la section *Senna*, auxquelles M. Batka a

1. Elle faisait partie de l'électuaire catholi-con, du lénitif, et même de la véritable médecine noire.

2. H. B. K., *Nov. gen. et spec.*, VI, 358. — DC., *Prodr.*, n. 3. — Hanb., in *Trans. Linn. Soc.*, XXIV, 167.

3. *Dict.*, I, 649. — DC., *Prodr.*, n. 1, — Guib., *loc. cit.*, 347. — Rosenth., *op. cit.*, 1036. — *C. Fistula brasiliana* Bauh., *Pin.*, 403.— T., *Instit.*, 619, t. 392 D.— *C. Siliqua brasiliana purgatrix compressa* Lob., *Ph. Rond.*, 41. — *C. Fistula brasiliana, flore incarnato* Breyn., *Cent.*, I, 58. — *C. grandis* L. FIL., *Suppl.*, 230. — *C. mollis* Vahl, *Symb.*, III, 57. — Jacq., *Fragm.*, t. 85, fig. 3.

4. *Spec.*, 542 (part.). — DC., *Prodr.*, n. 8. — *C. Fistula sylvestris* Rumph., *Herb. amb.*, II, t. 22. — *C. Bacillus* Gærtn., *Fruct.*, I, 318.

5. *Suppl.*, 234. — DC., *Prodr.*, n. 13. — *Cathartocarpus Bacillus* Lindl., in *Bot. Reg.*, t. 881.

6. *C. javanica* Hassk. (nec L.).

7. Guib., *loc. cit.*, 336. — Mér. et Del., *Dict. mat. méd.*, II, 127; VI, 310, 320. — Bisch., in *Bot. Zeit.* (1850), t. 9. — Pereira, *Elem. mat. med.*, ed. 5, II, p. II, 350. — Lindl., *Fl. med.*, n. 535-539. — Batka, in *Bot. Zeit.* (1854), 12; *Monogr. der Cassien Gruppe* Senna, Prague, in-4° (1866), t. 1-5.

appliqué les noms de *Senna obovata* [1], *acutifolia* [2] et *angustifolia* [3]. Il paraît certain que le premier produit les Sénés dits d'Alep, d'Alexandrie, de la Thébaïde, du Sénégal et d'Italie ; qu'au second se rapportent les sortes commerciales appelées : de la palthe, de Nubie, d'Éthiopie ; que du troisième enfin proviennent les Sénés Moka, de la Mecque, de la pique, de Tinnevelly, de l'Inde, ou *Suna mutka*. Un grand nombre d'autres *Cassia* [4] sont employés en médecine dans leur pays natal. Les uns servent de purgatifs, comme les espèces à Séné dont nous venons de parler : tels sont surtout, en Abyssinie le *C. Schimperi* Steud. [5], dans l'Inde orientale le *C. Tora* L. [6], au Brésil les *C. medica* Velloz., *cathartica* Mart., *falcata* L., *lævigata* W. [7], *magnifica* Mart., *rugosa* Don, *splendida* Vog., au Pérou le *C. peruviana* Vog., aux Antilles et dans les régions voisines de l'Amérique du Sud les *C. Chamæcrista* L. [8], *emarginata* L. [9], *decipiens* Vahl, et *fabulosa* G. Don, aux États-Unis le *C. marylandica* [10], qui fournit le Séné d'Amérique.

Beaucoup d'autres *Cassia* servent, dans leur pays, à divers usages médicaux. Le *C. Sophera* [11], de l'Asie tropicale, s'emploie contre les

1. *Cassia obovata* Collad., *op. cit.*, 92. — DC., *Prodr.*, II, 492, n. 34. — *C. Senna* β L. — *C. Senna* Lamk, *Ill.*, t. 332, fig. 2, a, b, d; fig. 3, b, f, g.— *C. obtusifolia* Del., *Fl. ægypt.*, 75.— *C. arachoides* Burch.— *C. porturegalis* Bancr. (ex Wight et Arn.).— *C. Burmanni* Wall., in *Madr. Journ.* (1837), 354. — *C. obtusa* Wall., herb. (*C. italica* offic.; Faux-Séné; Séné de la Thébaïde de Nectoux (*Voy.*, t. 1); *Lena belledy* des Egyptiens et Nubiens).
2. *Cassia acutifolia* Del., *Fl. ægypt.*, 219, t. 27, fig. 1. — *C. lanceolata* Forsk., *Eg.-Arab.*, 158, ex DC., *Prodr.*, n. 35 ?. — Lamk, *Ill.*, t. 332, fig. 2, c; fig. 3, a.—*C. ovata* Mér. et Del., *op. cit.*, VI, 311. — Collad., *loc. cit.* — Nectoux, *loc. cit.* — *C. æthiopica* Guib., *op. cit.*, 357, fig. 337. — *C. lenitiva* Bisch., *loc. cit.* (Séné de Nubie de Nectoux, *loc. cit.*, t. 2).
3. *Cassia elongata* Lem.-Lis., in *Journ. pharm.*, VII, 345. — Mér. et Del., *op. cit.*, VI, 314. — Pereir., *loc. cit.*, 350. — Lindl., *Fl. med.*, 258. — *C. lanceolata* Royle, *Ill.*, 201, t. 37. — Wight et Arn., *Prodr.*, I, 288. — Wall., in *Madr. Journ.* (1837), 354. — *C. medicinalis* Bisch., *loc. cit.* — *C. Ehrenbergii* Bisch. — *C. Royleana* Bisch. Il y aurait une révision complète à faire, au sujet de la nomenclature et de la synonymie de ces trois espèces. L'épithète de *lanceolata*, qui a été appliquée à tant de plantes différentes, devra peut-être disparaître ; mais il nous paraît impossible d'adopter

celles de *medicinalis* et de *lenitiva*, qui n'ont pour elles aucune sorte de priorité.
4. Voy. Rosenth., *op. cit.*, 1038-1041.
5. *C. cana* Wender., in *Linnæa*, XXII, 22 (nec Nees, nec Schr.). — *C. obtusata* Hochst. — *Senna tomentosa* Batka (1849). — *S. ovalifolia* Batka (1860).
6. Spec., 538 (part.).— DC., *Prodr.*, n. 47. -- Lindl., *Fl. med.*, 260. — *C. gallinaria* Collad. — *C. fœtida* Salisb., *Prodr.*, 326.— *Gallinaria rotundifolia* Rumph. Cette espèce passe aussi pour anthelminthique et sert, dans l'Inde, à traiter les maladies abdominales des enfants. Son nom de *Gallinaria* vient de ce qu'elle passe pour guérir plusieurs maladies des volailles, notamment leurs fractures.
7. *Enum.*, 441. — DC., *Prodr.*, n. 23. — *C. tropica* Velloz.
8. Spec., 542 (part.).— *C. pulchella* Salisb., *Prodr.*, 326. Type de la section de ce nom.
9. *Cathartocarpus emarginata* Pers. (voy. Descourt., *Fl. méd. des Ant.*, II, 234).
10. L., Spec., 541. — DC., *Prodr.*, n. 103. — *C. succedanea* Bell. — *Senna marylandica* Mér. et Del., *op. cit.*, VI, 321. Cette espèce sert journellement, aux États-Unis, comme purgatif léger (voy. Guib., *loc. cit.*, 342 ; — Lindl., *Fl. med.*, 261).
11. L., Spec., 542.— DC., *Prodr.*, n. 31.— Mér. et Del., *op. cit.*, II, 130. — Rosenth., *op. cit.*, 1038. Ses semences sont employées, à Maurice, pour la teinture en noir, sous le nom de graines de Cassier.

fièvres, les dartres. Le *C. glauca* [1] est prescrit, dans les mêmes régions, contre la goutte, le diabète, etc. Le *C. auriculata* [2] sert aussi dans le traitement du diabète, dans celui des ophthalmies, de la chlorose. Le *C. Absus* [3], espèce originaire d'Afrique, a des graines employées sous le nom de *Chichim* ou *Tchechum ;* elles sont usitées en Égypte dans le traitement des ophthalmies. La racine de *Fédégose*, du Brésil, est celle du *C. occidentalis* [4]. Elle passe, dans ce pays, pour un contre-poison, un bon remède contre la strangurie, les érysipèles des jambes, etc. Le *C. alata* [5], type, pour plusieurs auteurs, d'une section *Herpetica* [6], et remarquable par les deux grandes ailes latérales et longitudinales que porte sa gousse, s'appelle souvent Dartrier, parce que ses propriétés antiherpétiques sont incontestées dans l'Inde, à Java et aux Antilles. On a encore attribué des propriétés médicinales à plus de vingt autres espèces du genre *Cassia* [7].

Parmi les Légumineuses purgatives ou laxatives, il faut encore citer le Tamarinier, dont il sera question plus loin, à propos des fruits comestibles ; certains *Bauhinia* et *Brownea*. Parmi ces derniers, on signale le *B. coccinea* JACQ. [8], ou Rose de Venezuela, comme ayant, avec des feuilles émollientes, des fleurs laxatives, rafraîchissantes, employées journellement comme telles en tisane, aux Antilles et au nord de la terre ferme. Les *Bauhinia acuminata* L. et *variegata* L. sont usités dans l'Inde comme laxatifs, carminatifs [9].

Les autres propriétés médicinales des Cæsalpiniées sont nombreuses. On cite le *Parkinsonia aculeata* [10] comme fébrifuge et antiputride. Plusieurs Brésillets fournissent des médicaments. On conçoit que tous ceux

1. LAMK, *Dict.*, I, 647. — DC., *Prodr.*, n. 67. — *C. surattensis* BURM., *Fl. ind.*, 97 (voy. MÉR. et DEL., *op. cit.*, II, 129).

2. L., *Spec.*, 542. — DC., *Prodr.*, n. 79.— AINSL., *Mat. med. ind.*, I, 162 ; II, 32.

3. L., *Spec.*, 537. — DC., *Prodr.*, n. 126. — MÉR. et DEL , *op. cit.*, II, 127.

4. L., *Spec.*, 539. — DC., *Prodr.*, n. 92. — MÉR. et DEL., *op. cit.*, II, 130. — LINDL., *Fl. med.*, 261.

5. L., *Spec.*, 541.— DC., *Prodr.*, n. 32.— MÉR. et DEL., *op. cit.*, II, 128. — LINDL., *Fl. med.*, 260. — *Senna alata* ROXB., *Fl. ind.*, II, 349.

6. DC., in *Collad. Monogr.*, 91 ; *Prodr.*, II, 492, sect. III. (Voy. p. 124, note 6.)

7. Notamment au *C. Akakalis* ROYLE, considéré aussi comme produisant des graines de *Chichim;* au *C. mimosoides* L.; au *C. sericea* Sw.(*Docuça do bicho* des Brésiliens) ; au *C. biflora*, employé comme antisyphilitique dans l'Amérique méridionale ; au *C. acuminata* W. (*C. Apocouita* AUBL.), de la Guyane ; au *C. florida* VAHL (*C. sumatrana* ROXB.) ou *Juwar* des Indiens ; au *C. mimosoides* L. (*C. rachiptera* HOCHST.) ; au *C. venenifera* MEY., etc. (Voy. ROSENTH., *op. cit.*, 1039, 1040.)

8. Voy. page 102, fig. 70-72. — ROSENTH., *op. cit.*, 1047.

9. Voy. H. BN, in *Dict., encycl. des sc. méd.*, VIII, 585. D'autres espèces, comme le *B. tomentosa* L., sont antiphlogistiques, antidysentériques. Le *B. forficata* LINK est employé au Brésil comme mucilagineux. Le *B. scandens* est le *Daun lolah mabut* des Moluques, c'est-à-dire « l'arbre qui fait ouvrir la bouche ». [Pour les autres *Bauhinia* (*Caulotretus, Phanera, Pilcostigma*) employés en Asie ou en Afrique, voy. ROSENTH., *op. cit.*, 1043, 1044.]

10. L., *Hort. Cliff.*, 157, t. 13. — JACQ., *Amer.*, 121, t. 180. — DESCOURT., *Fl. med. des Ant.*, I, 54. — ROSENTH., *op. cit.*, 1035.

qui sont riches en tannin et que nous verrons recherchés pour la teinture ou la préparation des peaux, jouissent de propriétés astringentes prononcées. Le bois du *Cæsalpinia Sappan*[1], ou Brésillet de l'Inde orientale, est employé au Malabar et en Cochinchine comme un puissant emménagogue. Le *C. Nuga*[2], de l'Inde, a des propriétés analogues. Le *C. pulcherrima* Sw.[3] sert aussi comme tonique, excitant, emménagogue. L'infusion de ses feuilles peut même produire l'avortement. On les dit purgatives et employées quelquefois à la place du Séné[4]. On a vu les feuilles et les fleurs guérir des fièvres graves. La racine est âcre et même vénéneuse[5]. Les Cniquiers ou Bonducs, qui forment dans le même genre une section particulière[6], ont également joui d'une assez grande réputation comme toniques, fébrifuges. Les graines des *C. Bonduc*[7] *majus*[8] et *minus*[9] sont employées dans l'Inde et à la Guyane, à l'intérieur et topiquement, notamment dans les cas de tumeurs, d'hydrocèles. Leurs racines passent pour guérir les morsures des serpents[10].

Le Chicot du Canada[11] et plusieurs Féviers sont considérés comme légèrement astringents. Le premier a des graines qui donnent une huile dite purgative. On l'appelle encore aux États-Unis *Coffee-tree*, parce que ses graines, torréfiées, peuvent en effet servir aux mêmes usages que celles du Caféier. La pulpe des fruits des *Gleditschia*, notamment celle du *G. triacanthos* L.[12], a d'abord une saveur douceâtre; puis elle devient horriblement astringente, amère, âcre même. Leur mésocarpe contenant toutefois une certaine quantité de matière sucrée, on en peut préparer par la fermentation une liqueur alcoolique qui s'emploie dans l'Amérique du Nord. Plusieurs *Gleditschia* de l'Asie orientale ont, dit-on, des fruits qui rendent l'eau savonneuse.

Le prétendu baume de Copahu est sans contredit le plus usité des médicaments empruntés à la sous-famille des Cæsalpiniées; on le croyait

1. L., *Spec.*, 544. — RHEED., *Hort. malab.*, VI, t. 2. — AINSL., *Mat. med. ind.*, II, 450. — DC., *Prodr.*, II, 482. — ROSENTH., *op. cit.*, 1033.

2. AIT., *Hort. kew.*, III, 32. — DC., *Prodr.*, II, 481. — *Guilandina Nuga* L., *Spec.*, 146 (nec BURM.). RUMPHIUS dit, en outre, que sa racine en décoction guérit les affections calculeuses et néphrétiques. (Voy. LINDL., *Fl. med.*, 262. — ROSENTH., *op. cit.*, 1034.)

3. Voy. page 158, note 7.

4. LINDL., *Fl. med.*, 263.

5. SCHOMB., in *Linnæa*, IX, 512.

6. Sect. *Guilandina* (voy. p. 78).

7. AIT., *Hort. kew.*, III, 32. — DC., *Prodr.*, II, 480.

8. *Guilandina Bonduc* L., *Spec.*, 545 (graines jaunes).

9. *Guiland. Bonducella* L., *loc. cit.* (graines grises).

10. Voy. H. BN, in *Dict. encycl. des sc. méd.*, X, 64. Une émulsion des graines guérit certains flux chroniques.

11. *Gymnocladus dioica* (voy. p. 88, note 3, fig. 52, 53). — ROSENTH., *op. cit.*, 1032.

12. L., *Spec.*, 1509. — DUHAM., *Arbr.*, éd. 2, IV, t. 25. — MICHX F., *Arbr.*, II, 164, t. 10. — DC., *Prodr.*, II, 479, n. 1.

originairement produit par une seule espèce de Copaïer, le *Copaifera officinalis* L. [1], arbre des Antilles du sud et des régions voisines de l'Amérique méridionale. Mais on assure aujourd'hui qu'au Brésil, dans les Guyanes et dans les États de Venezuela, San-Salvador, Nicaragua, Costa-Rica, etc., une vingtaine d'espèces (plus ou moins autonomes) du même genre servent à l'extraction de cette substance. Ce sont les *C. Beyrichii* HAYNE [2], *bijuga* W., *Blancheti* BENTH., *bracteata* BENTH., *cordifolia* HAYNE, *coriacea* MART. [3], *elliptica* MART., *glabra* VOG., *guianensis* DESF. [4], *hymenæifolia* MORIC., *Jussieui* HAYNE, *Langsaorffii* DESF. [5], *laxa* HAYNE [6], *Martii* HAYNE, *multijuga* MART. et HAYNE, *nitida* MART. et HAYNE, *oblongifolia* MART., *pubiflora* LINDL., *Sellowii* HAYNE et *trapezifolia* HAYNE. On extrait le baume par incisions, qui sont répétées deux ou trois fois par an sur les arbres vigoureux, et dont une seule peut donner jusqu'à six kilogrammes de suc oléo-résineux. Dans l'Afrique tropicale, les *Copaifera* donnent un produit bien différent, un véritable copal, si du moins on admet que c'est le *Guibourtia* [7] de Sierra-Leone qui fournit le copal d'Afrique, les *African red Gum* et *yellow Gum* des Anglais [8].

Quant aux véritables résines copal ou animé qui sont dues à des Légumineuses, on sait aujourd'hui qu'elles sont produites par des *Hymenæa*. GUIBOURT [9], qui s'est particulièrement occupé de l'origine de ces substances, si usitées de nos jours pour la fabrication des vernis, a distingué des animé dures et molles : les unes, orientales, qui découlent, à Madagascar et sur la côte orientale de l'Afrique, de l'*Hymenæa verrucosa* [10] ; les autres, occidentales, produites dans l'Amérique du Sud par l'*Hymenæa Courbaril* [11] et par un assez grand nombre d'autres espèces,

---

1. L., *Spec.*, 557. — W., *Spec.*, II, 630. — JACQ., *Amer.*, 133, t. 86. — LAMK, *Dict.*, II, 97; *Ill.*, t. 342. — WOODV., *Med. Bot.*, 3, t. 137. — DC., *Prodr.*, II, 508, n. 1. — H. B. K., *Nov. gen. et spec.*, VI, t. 659. — MÉR. et DEL., *Dict.*, II, 414. — GUIB., *Drog. simpl.*, éd. 4, III, 432. — A. RICH., *Élém. d'hist. nat. méd.*, éd. 4, II, 304. — PEREIRA, *Elem. mat. med.*, ed. 5, II, p. II, 364. — C. *Jacquini* DESF., in *Mém. Mus.*, VII, 376. — LINDL., *Fl. med.*, 278. — ROSENTH., *Syn. pl. diaph.*, 1046 (résine de la Nouvelle-Espagne, copahu de Colombie, *aceite de Canime* de la Nouvelle-Grenade).

2. In *Linnæa*, 1, 426; in *Dunc. Suppl. to the Edinb. new Disp.*, 45 (ex PER., *loc. cit.*).

3. In *Isis* (1824), 589. — DC., *Prodr.*, n. 4 (*Dialium?*).

4. *Loc. cit.*, t. 13.

5. *Loc. cit.*, 377, t. 14.

6. *Copaiva do campo* de Minas-Geraës; copahu du Para.

7. *Copaifera copallina*. — *C. Guibourtiana* BENTH., in *Trans. Linn. Soc.*, XXV, 317. — *Guibourtia copallina* BENN., in *Journ. Linn. Soc.*, I, 150.

8. DANIELL, in *Pharm. Journ.*, XVI (1857), 367. Ce copal, de teinte claire, ne formerait tout au plus qu'une partie de celui qui est apporté de Sierra-Leone. (WELW., in *Journ. Linn. Soc.*, IX, 298.)

9. In *Rev. scientif.*, XVI (1844), 177; *Drog. simpl.*, éd. 4, III, 423.

10. GÆRTN., *Fruct.*, III, 306, t. 139, fig. 7. — *Trachylobium verrucosum* HAYNE. (Voy. p. 114, notes 3, 5, fig. 84.)

11. L., *Spec.*, 537. — VAHL, *Ecl. amer.*, II, 30. — LAMK, *Ill.*, t. 330, fig. 1. — DC., *Mém. Légum.*, XII, t. 26, fig. 120; *Prodr.*, II, 511, n. 1. — MÉR. et DEL., *Dict.*, III, 565. — GUIB.,

plus ou moins bien caractérisées, notamment les *H. Candolleana*
H. B. K , *confertifolia* HAYNE [1], *confertiflora* MART.. *latifolia* HAYNE,
Olfersiana HAYNE, *Sellowiana* HAYNE, *stigonocarpa* MART., *stilbocarpa*
HAYNE et *venosa* VAHL [2]. L'origine du copal exporté en si grande quantité de l'Afrique tropicale occidentale, est encore aujourd'hui fort con-
troversée. Peut-être exsude-t-il en partie du tronc d'une espèce vivante
du genre *Cynometra* [3]. Peut-être encore a-t-il été produit autrefois par
des arbres dont l'espèce serait actuellement éteinte dans ces contrées [4] ;
il constituerait, dans ce dernier cas, une sorte de résine fossile, analogue
à l'ambre jaune [5].

Outre ces substances résineuses et les principes astringents dont nous
avons parlé, le bois des Cæsalpiniées renferme souvent des matières
colorantes; il en résulte que plusieurs d'entre ces plantes sont recher-
chées pour la teinture. Nous passerons en revue les principales.

Le bois de Campêche, ou bois d'Inde, est une des matières tinctoriales les plus connues ; il est produit par l'*Hæmatoxylon campechianum* L. [6], qui croît, non-seulement aux environs de Campêche, mais
encore aux Antilles, au Venezuela, dans la Guyane. Ce bois, d'un
rouge brunâtre, assez pâle, devient d'un rouge vif à l'air, ou noirâtre
à l'humidité. Pesant, uni et susceptible de prendre un beau poli, il sert
à faire de jolis meubles. Son principe colorant a été appelé *héma-
tine* ; il fait rechercher ce bois principalement pour les teintures noires,
bleues et violettes. Le bois contient d'ailleurs des principes astringents

Drog. simpl., éd. 4, III, 332, fig. 334. —
LINDL., *Fl. med.*, 266. — ROSENTH., *op. cit.*,
1042 (Copalier d'Amérique ; *Simiri* des Galibis,
Locust-tree des Anglais). La résine s'appelle : au
Brésil, *jatahy, jatchy, jatoba* ; à la Nouvelle-
Grenade, Copal d'*Algarrobo*. Elle est employée
au Brésil comme médicament, dans les affections
pulmonaires, la toux, l'hémoptysie. L'écorce interne s'emploie, d'après MACFADYEN (*Fl. jamaic.*,
I, 349), en décoction, comme vermifuge.
1. Voy. *Arzneig.*, t. 7-16, 18, 19.—MART.,
Mat. med. bras., 115.
2. *Ecl. amer.*, II, 31. (Voy. p. 114, notes
2, 4.)
3. *C. laxiflora* BENTH., in *Trans. Linn. Soc.*,
XXV, 318. Les *Cynometra*, dont les feuilles
sont souvent semblables à celles des *Hymenæa*,
ont plus d'une fois été confondus avec eux. Ainsi
l'*H.* (*Trachylobium*) *Martiana* HAYNE (*loc. cit.*,
t. 17) est un *Cynometra*. M. WELWITSCH (*loc.
cit.*, 295) donne cette plante comme synonyme
de l'*H. verrucosa* LAMK. Le *Nam-nam* de l'Inde
est le *C. cauliflora* L. (*Spec.*, 547 ; — LAMK,
Ill., t. 331, fig.4 ;—DC., *Prodr.*, II, 509, n. 1).
D'après RUMPHIUS (*Herb. amboin.*, I, t. 62), ses

racines sont purgatives ; ses graines donnent une
huile qui guérit la gale et d'autres affections de
la peau. Le *C. ramiflora* L. (*Spec.*, 547;— DC.,
loc. cit., n. 2 ; — RHEED., *Hort. malab.*, IV,
t. 31) a des propriétés analogues.
4. C'est l'opinion soutenue par M. WELWITSCH,
dans son *Obs. on the orig. and the geogr. distr.
of the Gum copal in Angola* (*loc. cit.*, 301).
5. On peut citer encore comme plantes produisant une résine plus ou moins analogue aux
animé, le *Daniella thurifera* BENN. (in *Phar-
maceut. Journ.*, XIV, 251 ; — H. BN, in *Adansonia*, VI, 186), qui donne le *lumbo* ou *bunglo*
de Sierra-Leone, et auquel on a aussi attribué
l'origine d'une portion du copal d'Afrique.
6. *Spec.*, 549. — SLOAN., *Hist.*, t. 10,
fig. 1-4. — BLACKW., *Herb.*, t. 463. — LAMK,
Ill., t. 340. — DC., *Prodr.*, II, 485. — MÉR.
et DEL., *Dict.*, III, 449. — GUIB., *Drog. simpl.*,
éd. 4, III, 317. — A. RICH., *Élém.*, II,
324. — PEREIRA, *Elem. mat. med.*, ed. 5, II,
p. II, 345. — LINDL., *Fl. med.*, 264. — RO-
SENTH., *Syn. plant. diaphor.*, 1035 (*Lignum
nephriticum* HERN., *Logwood* des Anglais). (Voy.
p. 83, fig. 49-51.)

qui se retrouvent dans l'écorce et dans une gomme qui s'extrait de cette espèce. Ces produits sont employés dans certaines affections intestinales, notamment la décoction du bois, dans les cas de diarrhée chronique, aux Antilles et aux États-Unis. On l'a encore préconisé contre le choléra et contre les dysenteries ; on le cite comme aussi efficace que les kinos et les cachous. Plusieurs Brésillets fournissent également une matière tinctoriale, souvent rouge. On cite, entre autres : le *Cæsalpinia echinata* [1], qui passe pour produire les bois dits de Brésil, de Fernambouc, de Sainte-Marthe, des Antilles ; le *C. Sappan* [2], ou Brésillet des Indes, bois de Sappan ; le *C. crista* [3], qui reçoit aussi quelquefois le nom de Bois de Brésil ou Brésillet ; le *C. brasiliensis* [4] ou *Brasilletto*, bois rouge de la Jamaïque ; le *C. tinctoria* [5], du Pérou et de la Colombie, qui sert comme les précédents à teindre en rouge et en noir. Les *C. bahamensis* [6] et *Sepiaria* [7] ont les mêmes propriétés, quoique moins recherchés pour cet usage. On emploie aussi comme plantes tinctoriales les *Cassia brasiliana* [8] et *auriculata*, les *Hymenæa* que M. ALLEMAO a nommés *Peltogyne Guarabú* et *macrolobium* [9], quelques *Bauhinia* [10], l'*Eperua falcata* AUBL. [11], le *Vouapa Simiria* AUBL. [12], le *Melanoxylon Brauna* SCHOTT [13], etc.

Presque toutes les Cæsalpiniées arborescentes fournissent des bois utiles, souvent précieux, source de richesse pour les régions tropicales. Ces bois devraient être étudiés de près au point de vue de leur structure. Beaucoup d'entre eux sont peu connus, quant à l'origine botanique des espèces ou des sortes commerciales employées. Ainsi on a longtemps ignoré la véritable origine des bois américains dits d'Angélique et de Vouacapou. Le premier est celui du *Dicorynia paraensis* BENTH. [14], bel arbre de la Guyane et du Brésil méridional, d'une grande

1. LAMK., *Dict.*, I, 461. — DC., *Prodr.*, II, 483, n. 19. — *Guilandina echinata* SPRENG., *Syst.*, II, 327 (*Ibirapitanga* MARCGR.).

2. L., *Spec.*, 544. — ROXB., *Pl. coromand.*, I, t. 16. — DC., *Prodr.*, n. 6. — GUIB., *op. cit.*, III, 317.

3. L., *Spec.*, 544. — DC., *Prodr.*, n. 11.

4. L., *Spec.*, 544 (part.). — DC., *Prodr.*, n. 5. — *C. bahamensis* LAMK ?

5. CAV., *Præl.*, ex DC., *Cat. hort. monsp.*, 84. — *Coulteria tinctoria* H. B. K., *Nov. gen. et spec.*, VI, 329, t. 569. — C. GAY, *Fl. chil.*, II, 222.— *Poinciana Tara* R. et PAV., ex DC., *Prodr.*, II, 481, n. 3. — *Tara tinctoria* MOL., *Chil.*, 164.— *Poinciana spinosa* FEUILL. (*Taratara* des Chiliens).

6. LAMK, *Dict.*, I, 461. — DC., *Prodr.*, n. 10.

7. ROXB., *Fl. ind.*, II, 360.

8. *Voy.* page 159, note 3.

9. Ex ROSENTH., *op. cit.*, 1041.

10. Notamment le *B. variegata* (ROXB., ex LINDL., *Veg. Kingd.*, 550).

11. *Guian.*, I, 369, t. 142.—*Dimorpha falcata* SM., in *Rees Cyclop.*, n. 3. Son écorce est amère et employée comme émétique par les Indiens Arrouagues.

12. *Guian.*, I, 26, t. 8.—*V. violacea* LAMK, *Ill.*, t. 420. — *Macrolobium Simira* GMEL., *Syst.*, I, 93. — *M. sphærocarpum* W., *Spec.*, I, 186.

13. Ap. SPRENG., *Syst., Cur. post.*, 406. — ROSENTH., *op. cit.*, 1032. — *Perittium ferrugineum* VOG., in *Linnæa*, XI, 408 (*Maria preta* des Brésiliens).

14. In *Hook. Journ.*, II, 82.

solidité pour les constructions et d'une grande résistance à l'action de
l'humidité; ce qui fait qu'on l'emploie pour la fabrication des ponts,
des rampes, des traverses de chemins de fer [1]. Le second provient, non
pas d'un *Andira*, comme on l'a cru jusqu'ici, mais bien d'une Cæsalpiniée de la série des Sclérolobiées, le *Vouacapoua americana* d'AUBLET [2].
Il est d'un brun plus ou moins foncé, parsemé de taches blanchâtres
dont la forme varie suivant le sens dans lequel on l'a coupé, et sa grande
solidité le fait rechercher à la Guyane pour les constructions et pour
un grand nombre d'usages domestiques [3]. Les Copaïers ont des bois
plus beaux et plus fins encore, employés de préférence pour l'ébénis-
terie. Celui du *Copaifera officinalis* sert aux Antilles à fabriquer de la
marqueterie. Les bois dits d'Amarante [4] de la Guyane sont ceux du
C. bracteata et aussi, dit-on, du *C. pubiflora*. Ils sont beaux, durs,
élastiques; ils résistent même aux décharges d'artillerie; aussi servent-
ils à la fabrication de beaux meubles et à toutes sortes de constructions [5].
Les bois de Courbaril sont également de fort bonne qualité. Celui de
l'*Hymenæa Courbaril* L. [6] est rouge, dur, très-pesant, plein de mouche-
tures faites comme au burin; il sert à fabriquer des meubles et des usten-
siles d'une grande résistance [7]. Plusieurs autres espèces du genre donnent de bons bois de construction. Le *Melanoxylon Brauna* SCHOTT,
ou *Guarauna* du Brésil, est un bel arbre à cœur incorruptible, coloré
en noir, résistant, l'un des meilleurs du pays pour les constructions [8].
Les principaux Bois de fer du même pays sont l'*Apuleia ferrea* MART., et
le *Juca* ou *Cæsalpinia ferrea* MART. [9]. On y cite aussi comme excellents
le bois de *Vignatico* ou *Echirospermum Balthasari* ALLEM. [10], et celui de
Cana fistula ou *Cassia brasiliana* LAMK [11]. A la Guyane, on recherche
le *Vouapa* huileux ou *Eperu*, bois de l'*Eperua falcata* [12], imprégné
d'une huile résineuse qui le rend très-durable; celui de l'*E. (Parivoa)
grandiflora* [13], qui sert, entre autres usages, à la fabrication des *juru-
paris* [14] de l'Amazone; celui surtout du magnifique *Dimorphandra*

1. Bois de première qualité pour les constructions navales, inattaquable aux insectes et
aux tarets; il fournit des pièces de menuiserie
de 15 et 20 mètres de long. On en connaît trois
variétés, noire, rouge et blanche (force 215 k.).
2. Voy. page 93, note 2.
3. GUIB., *Drog. simpl.*, éd. 4, III, 331.
4. Distingué en Amarante rouge et violet
(*Purple-wood*, *Purple-heart* des Anglais; *Simi-
ridi* des Galibis et des Arrouagues).
5. On en fait des affûts de mortier, des traverses de chemins de fer, etc. (voy. GUIB., *loc.
cit.*, 322.— LINDL., *Veg. Kingd.*, 550).
6. *Spec.*, 537 (Voy. p. 163, note 11.)

7. GUIB., *loc. cit.*, 323. — ROSENTH., *op.
cit.*, 1042.
8. J. DE SALDANHA, *Configur. das pr. ma-
deir.*, 94, t. 2.
9. Appelés aussi, l'un et l'autre, *Pao ferro*,
ou faux Bois de fer du Brésil.
10. EX SALDANHA, *op. cit.*, 39, t. 3 (*Cassia?*).
11. Voy. page 159, note 3.— SALDANHA, *op.
cit.*, 43.
12. Voy. page 165, note 11.
13. Voy. page 111, note 1, fig 81, 82.
14. Instruments de musique en usage dans
certaines cérémonies religieuses des Indiens.

excelsa [1], qui atteint 50 mètres de hauteur. Le *Cæsalpinia insignis* [2], de l'Amazone, est, dit-on, un des Bois de rose du commerce. Au Cap de Bonne-Espérance, plusieurs *Schotia* sont recherchés pour leur bois blanchâtre et dur, notamment le *S. latifolia* [3]. Parmi les autres Cæsalpiniées africaines, il faut mentionner comme utiles à cet égard : l'*Afzelia africana* [4], commun sur les bords de la Casamance, et dont le bois est dur, d'un grain serré, nuancé de violet clair; le *Detarium microcarpum* [5], du Sénégal, qui sert à construire de bonnes embarcations; le *Dialium nitidum* [6] ou *Solomé* [7] de la Sénégambie, bois de menuiserie fine et de tour. Dans l'Inde et l'archipel Indien, on ne cite guère comme bois utiles que ceux de l'*Afzelia bijuga*, du *Dialium indicum* [8], du *Saraca indica* [9], du Sappan, du Tamarinier et de quelques *Bauhinia* [10]. Ces derniers ont souvent une écorce textile : on fabrique des cordes grossières, mais solides, avec celle des *B. tomentosa* L., *parviflora* VAHL, *purpurea* Sw., *Adansoniana* [11], *reticulata* [12]. En général, les écorces de Cæsalpiniées fournissent peu de produits utiles, en dehors de celles qui sont riches en tannin et qui servent à la préparation des peaux. On peut toutefois citer celle des *Burkea* [13], qui passe pour tonique, astringente ; celle des *Cadia*, qui sert en Arabie dans le traitement des maladies intestinales [14] ; celle de quelques *Cassia* américains, qui est fébrifuge; celle du *Brownea coccinea* [15], usitée comme antihémorrhoïdale ; celle

---

1. *Mora excelsa* SCHOMB., in *Trans. Linn., Soc.*, XVIII, 207. On regarde les graines de certains *Dimorphandra* comme contenant les plus grands embryons dicotylédonés connus.

2. *Poinciana insignis* K., *Mimos.*, t. 44. — H. B. K., *Nov. gen. et spec.*, VI, 333.

3. JACQ., *Fragm.*, 23, t. 15, fig. 4. — DC., *Prodr.*, II, 508, n. 6. — HARV. et SOND , *Fl. cap.*, II, 274. — ROSENTH , *op. cit.*, 1041. — *Omphalobium Schotia* JACQ.

4. SMITH, in *Trans. Linn. Soc.*, IV, 221. — GUILL. et PERR., *Fl. Seneg. Tent.*, I, 263, t. 57.

5. GUILL. et PERR., *op. cit.*, 271 (*Dank* des indigènes du Cayor).

6. GUILL. et PERR., *op. cit.*, 267, t. 58. — *D. guineense* W., in *Rœm. Arch.*, I, 31, t. 6. — H. BN, in *Adansonia*, VI, 198. (Voy. p. 136, note 4, fig. 114-117.)

7. *Sorum* ou *Solum* des nègres du Cap-Vert; *Kocyto* des Mandingues.

8. *D. Indum* L., *Mantiss.*, 24. — DC., *Prodr.*, II, 520, n. 1. — ROSENTH., *op. cit.*, 1046.

9. L., *Mantiss.*, 98. — *Jonesia Asoca* ROXB., *Cat. hort. calc.*, 26. — DC., *Prodr.*, II, 487, n. 1. — *J. pinnata* W., *Spec.*, II, 287. Cette

plante est cultivée dans nos serres pour la beauté de ses fleurs à calice orangé. Dans l'Inde, les inflorescences sont offertes aux dieux dans les temples, comme celles de l'*Amherstia nobilis*.

10. Notamment les *Bauhinia acuminata* L., qui produit une sorte de bois d'Ébène, *purpurea* BENTH., *variegata* L., etc. (Voy. ROSENTH., *op. cit.*, 1043, 1044. — BRUCE, *Voyag.*, trad. CASTER., V, 73.)

11. GUILL. et PERR., *Fl. Seneg. Tent.*, I, 265 (*Raund* des nègres).

12. GUILL. et PERR., *op. cit.*, 266, t. 60. — *B. Thönningii* SCHUM., *Beskr.*, I, 223 (*Ghighis* des nègres). Cette écorce est très-astringente, usitée dans les dysenteries chroniques. Les feuilles laissent suinter de la gomme.

13. Notamment celle du *B. africana* HOOK., et celle d'une autre espèce d'Angola , à larges feuilles, que nous appelons *B. Caperangau*, et dont les femmes emploient la décoction pour donner de la consistance à leurs organes.

14. On emploie aussi aux mêmes usages l'infusion des feuilles du *C. purpurea* FORSK.

15. JACQ., *Amer.*, 194, t. 121. — DC., *Prodr.*, II, 477, n. 2 (*Rose de montagne* des Vénézuéliens). (Voy. p. 102, fig. 70-72. — ROSENTH., *op. cit.*, 1047.)

enfin du *Kantuffa* d'Abyssinie, sur laquelle Bruce[1] a écrit un chapitre si intéressant, et qui appartient au *Pterolobium Kantuffa*[2]. Dans les pays tempérés de l'Europe, de l'Asie et de l'Amérique boréale, on emploie comme bois de construction les troncs des *Gleditschia*, *Gymnocladus*, *Cercis* et *Ceratonia*.

Il y a peu de fruits et de graines comestibles parmi les Cæsalpiniées. Les péricarpes y sont rarement charnus. Toutefois celui du *Detarium senegalense*[3], « de la grosseur d'un abricot-pêche, a une chair farineuse, verdâtre, entremêlée de fibres nombreuses partant d'un noyau orbiculaire qui simule celui de la pêche. Les nègres et les singes en font une grande consommation, et l'on en apporte une quantité considérable au marché de Gorée, et même à celui de Saint-Louis[4] ». Les *Dialium* du même pays ont aussi des péricarpes comestibles, notamment le *D. nitidum*, qui a « des fruits arrondis, un peu comprimés, noirs et veloutés à l'intérieur, remplis intérieurement d'une pulpe farineuse, légèrement humide, dont la saveur est acidule, très-agréable, et recherchée par les nègres, les singes et autres animaux[5] ». Dans les Courbarils, c'est aussi une pulpe produite à l'intérieur de l'endocarpe qui est la partie comestible. Formée, comme nous l'avons vu, de poils gorgés de matières féculente et résineuse, elle finit par se dessécher, et se mange ordinairement dans cet état. Quant au péricarpe lui-même, il est imprégné de substances résineuses et astringentes. Ces dernières se développent beaucoup dans le péricarpe des Brésillets, notamment de ceux qui servent pour cette raison au tannage des peaux. Les principaux sont le *Cæsalpinia coriaria*[6], dont les fruits sont les gousses de *Dividi* ou *Libidibi*[7], et les *Algarobillas* ou *Algarovillos* de l'Amérique du Sud, fruits du *C. glabrata*[8] (?). Les *C. crista*, *corymbosa* Benth., *Cacalaco*[9], etc., ont aussi des gousses riches en tannin. On exporte aussi, sous le nom d'*Algarrobitos*, celles du *C. brevifolia*[10], du Chili, dont le péricarpe est riche en substance résineuse et tannique. Dans les Caroubiers et dans

1. *Voyag.*, loc. cit., 64.
2. *P. lacerans* R. Br., in *App. Salt.*, 64 (part.). — *Quartinia abyssinica* A. Rich., in *Ann. sc. nat.*, sér. 2, XIV, 260, t. 14 ; XV, 180. — *Mimosa? Kantuffa* DC., *Prodr.*, II, 431.
3. Gmel., *Syst.*, III, 700.— DC., *Prodr.*, II, 521. – Hook., *Niger*, 329.— H. Bn, in *Adansonia*, VI, 200 (*Niey-datach* des nègres).
4. Guill. et Perr., *Fl. Sen. Tent.*, I, 270.
5. Guill. et Perr., loc. cit., 268.
6. W., *Spec.*, II, 532. — DC, *Prodr.*, II, 483, n. 16.— K., *Mimos.*, t. 45. — *C. Thomœa*

Spreng. — *Poinciana coriaria* Jacq., *Amer.*, 123, t. 175, fig. 36.
7. *Nacoscol*, *Oualta-pona*, *Muatà-punu* (Guib., *Drog. simpl.*, éd. 4, II, 368, fig. 360 ; — Rosenth., *op. cit.*, 1034).
8. H. B. K., *Nov. gen. et spec.*, VI, 326. — DC., *Prodr.*, n. 13. Ce sont peut-être les fruits représentés par Guibourt (loc. cit., fig. 361).
9. H. B., *Pl. æquin.*, II, t. 137. — DC., *Prodr.*, n. 14.
10. *Balsamocarpon brevifolium* Cl., apud C. Gay, *Fl. chil.*, II, 228, t. 20.

les Tamariniers, c'est le mésocarpe qui devient épais et charnu ; mais les matières sucrées ou acides dominent dans son parenchyme. Ainsi les Caroubes, ou *Karouba*, renferment une chair ferme douce, sucrée, nourrissante, qu'on mange dans la région méditerranéenne, et qui, en Espagne, sert à la nourriture du bétail, sous le nom d'*Algarobo*. [1] Dans les fruits du *Tamarindus indica* [2], le parenchyme du mésocarpe, débarrassé des faisceaux fibro-vasculaires dont il est parcouru, représente une pulpe jaunâtre ou brunâtre, acide, sucrée, un peu astringente, employée depuis longtemps en médecine, comme laxative et antiputride, et qui faisait partie des électuaires lénitif, catholicon double et autres [3]. Elle sert à préparer des conserves d'un goût acidule agréable. Les graines, et celles du Caroubier, ont été, dit-on, les carats primitifs avec lesquels les joailliers pesaient autrefois les pierres précieuses. Ces graines renferment un albumen qu'on peut faire rôtir et manger. Celles de l'*Afzelia bijuga* sont dans le même cas. On mange aussi grillées celles du *Bauhinia Vahlii* BENTH., des *Schotia* du Cap, de plusieurs Brésillets indiens. On vend à Panama, sous le nom de *Cativa* ou *Amanza muger* [4], les graines énormes, à embryon comestible, du *Prioria Copaifera* GRISEB. On extrait de l'huile des semences du *Cæsalpinia oleosperma* ROXB., du *Bauhinia tomentosa* L., du *Cæsalp.* (*Guilandina*) *Bonduc*, du *Dicorynia paraensis* BENTH., etc. La portion comestible des graines de l'*Afzelia africana* est l'arille, qui s'élève au-dessus du hile comme un sac ou une cupule profonde, de consistance charnue et de couleur orangée [5].

1. On en prépare un vin tonique, un sirop qui sert à confire, en Egypte, les tamarins et les myrobalans (GUIB., *op. cit.*, II, 349, fig. 347; — MÉR. et DEL., *Dict.*, II, 180 ; — A. RICH., *Elém.*, éd. 4, II, 225 ; — ROSENTH., *op. cit.*, 1046). Les fruits étaient les *siliquæ dulces* des anciens médecins.
2. Voy. page 106, note 1, fig. 73-76. Le bois est bon pour les constructions et le charronnage.

C'est le *Dakkar* du Sénégal, le *Balam pulli* de l'Inde (GUIB., *op. cit.*, II, 348, fig. 346; — MÉR. et DEL., *op. cit.*, VI, 633).
3. Le diaprun, la confection Hamech , le *psyllium*.
4. BENTH., in *Trans. Lin. Soc.*, XXIII, 390.
5. GUILL. et PERR., *Fl. sen. Tent.*, I, 264. — ROSENTH., *Syn. plant. diaph.*, 1044.

GENERA

I. CADIEÆ.

1. Cadia FORSK. — Flores hermaphroditi regulares; receptaculo late cupuliformi v. campanulato, intus disco margine 10-crenulato vestito. Calyx perigynus, 5-partitus; foliolis præfloratione valvatis subreduplicatis. Petala 5, inter se æqualia, cum sepalis alternantia, libera, oblongo-obovata v. suborbiculata; ungue brevi; præfloratione aut contorta, aut varie imbricata; petalo summo hinc intimo, inde extimo. Stamina 10, perigyna, quorum 5 petalis opposita breviora, 5 autem alterna; filamentis liberis; antheris introrsis 2-locularibus, longitudine dehiscentibus, demum versatilibus. Germen centrale liberum stipitatum; ovulis ∞, 2-seriatim parieti insertis, descendentibus; micropyle supera extrorsaque; stylo brevi incurvo; stigmate parvo terminali. Legumen lineare acuminatum plano-compressum coriaceum, intus continuum, ∞-spermum, 2-valve. Semina inæquali-ovata compressa exarillata; embryonis exalbuminosi carnosi radicula supera inflexa accumbente. — Fruticœs inermes; foliis alternis imparipinnatis; foliolis ∞, parvis exstipellatis; stipulis parvis 2, lateralibus; floribus majusculis solitariis v. paucis racemosis pendulis lateralibus, axillaribus v. terminalibus. (*Africa trop. or. et insul.*) — *Vid. p.* 73.

II. EUCÆSALPINIEÆ.

2. Cæsalpinia PLUM. — Flores hermaphroditi plus minus irregulares; eceptaculo æquali v. inæquali-cupuliformi, intus discifero. Calyx 5-partitus; foliolis inter se inæqualibus; infimo lateralia in æstivatione imbricata involvente, sæpius majore cymbiformi ; præfloratione multo rarius subvalvata valvatave (*Melanosticta*). Petala 5, libera, inter se inæqualia, valde imbricata; summo minore v. majore in æstivatione intimo. Stamina 10, perigyna, libera declinata; filamentis basi glandulosis v. villosis; antheris 1-formibus introrsis 2-locularibus, longitudinaliter rimosis. Germen subsessile in fundo receptaculi liberum; stylo tereti, apice stigmatoso truncato clavatove, rarius concavo v. late peltato (*Peltophorum*); ovulis paucis descendentibus. Legumen forma varium, aut rectum, tortuosum v. subfalcatum, crassum, spongiosum coriaceumve subcarnosum, indehiscens v. tardius 2-valve (*Libidibia*, *Peltophorum*, *Coulteria*), resinosum subtorulosum (*Balsamocarpon*); suturis nonnunquam incrassatis (*Cinclidocarpus*), aut 2-valve, tenuiter coriaceum glandulis v. setis brevibus conspersum (*Erythrostemon*, *Hoffmanseggia*, *Pomaria*), rectum falcatumve, v. eglandulosum (*Cæsalpinaria*), ovatum oblongumve inerme (*Nugaria*), rarius turgidulum echinatum (*Guilandina*), v. late falcatum v. rectum apiceque truncatum ; valvis coriaceis (*Sappania*). Semina pauca v. solitaria, ovata, obovata, orbicularia, globosa v. ovoidea ; testa coriacea ; embryonis exalbuminosi cotyledonibus planis cordatisve; radicula brevi recta. — Arbores fruticesve, rarius suffrutices v. herbæ (*Hoffmanseggia*), aut inermes (*Coulteria*, *Cæsalpinaria*, *Libidibia*, *Erythrostemon*), aut glandulosi (*Pomaria*, *Balsamocarpon*) v. aculeati, alte scandentes (*Cinclidocarpus*, *Guilandina*, *Nugaria*, *Sappania*); foliis alternis, 2-pinnatis v. rarius simpliciter pinnatis (*Paripinnaria*, *Cenostigma*); foliolis majusculis coriaceis herbaceisve, v. parvis numerosis; stipulis forma variis; floribus in racemos simplices axillares v. terminales ramososque dispositis; bracteis parvis magnisve, sæpius caducissimis. (*Orbis totius reg. calid.*) — *Vid. p.* 75.

3. **Zuccagnia** Cav. — Flores parvi (*Cæsalpiniæ*); ovario breviter stipitato 1-ovulato ; stylo filiformi crassiusculo ; [stigmate terminali concavo ciliolato. Legumen breve subovatum, 2-valve ; valvis setis longis crinitis; semine descendente ovato plano ; embryonis exalbuminosi cotyledonibus latis planis, basi cordatis ; radicula recta brevi. — Frutex glutinosus; foliis alternis pinnatis; foliolis parvis coriaceis; stipulis minutis caducis; floribus in racemos terminales dispositis; bracteis caducissimis. (*Chili andin.*) — *Vid. p.* 81.

4. **Parkinsonia** Plum. — Flores *Cæsalpiniæ;* ovario ∞ -ovulato ; stylo

gracili, apice recte v. oblique truncato. Legumen lineare torulosum, indehiscens v. sub-2-valve ; valvis crassiusculis v. tenuiter coriaceis ad semina convexis, sæpe inter semina constrictis, striatis. Semina oblonga albuminosa. — Arbores ; foliis alternis 2-pinnatis ; petiolo brevi spiniformi ; pinnis 2-4, complanatis, ∞ -foliolatis ; stipulis parvis sæpe spinescentibus ; floribus in racemos axillares dispositis ; bracteis caducis. (*America calid.*, *Mexico*, *Africa austr.*) — *Vid. p.* 81.

5. **Cercidium** Tul. — Flores *Cæsalpiniæ* ; sepalis inter se subæqualibus, valvatis v. margine oblique secto subimbricatis. Stamina 10 ; filamentis basi pilosis ; antheris 1-formibus ovatis versatilibus. Germen breviter stipitatum, ∞ -ovulatum ; stylo involuto, apice acuto ; stigmate parvo terminali. Legumen lineari-oblongum plano-compressum membranaceum v. subcoriaceum, 2-valve ; suturis nerviformibus ; valvis venulosis. Semina ovata compressa albuminosa. — Arbores fruticesve ; ramis plerumque tortuosis ; ramulis axillaribus spinescentibus ; foliis parvis 2-pinnatis ; foliolis paucijugis parvis ; floribus in racemos breves laxosque ad nodos defoliatos in ligno fasciculatis ; bracteis parvis membranaceis ; bracteolis parvis v. 0. (*America centr.*, *Mexico.*) — *Vid. p.* 82.

6. **Mezoneurum** Desf. — Flores *Cæsalpiniæ ;* receptaculo cupulato v. oblique cymbiformi, intus glanduloso, postice nonnunquam subrostrato. Calycis foliola 5, inæqualia ; infimo plerumque multo majore ; libera, demum expansa v. in tubum altius coalita, valde imbricata. Petala *Cæsalpiniæ ;* summo intimo sæpius dissimili, nunc intus supra basin appendiculo inæquali-corrugato laciniato munito. Stamina 10 ; filamentis basi glabris v. pilosis. Germen 2-∞ -ovulatum ; stylo sæpius ad apicem clavato ; stigmate terminali parvo, sæpius concavo ciliolato. Legumen plano-compressum membranaceum coriaceumve ad suturam superiorem longitudinaliter alatum, indehiscens v. vix 2-valve. Semina transversa plano-compressa orbiculata v. reniformia ; embryonis exalbuminosi cotyledonibus planis ; radicula brevi recta. — Arbores v. sæpius frutices alte scandentes, sæpe aculeati ; foliis 2-pinnatis ; stipulis parvis v. 0 ; floribus in racemos axillares simplices v. terminales compositos dispositis ; bracteis sæpius caducis ; bracteolis 0. (*Asia*, *Africa*, *Australia trop.*) — *Vid. p.* 82.

7. **Hæmatoxylon** L. — Flores subregulares ; receptaculo cupulato subhemisphærico, intus glanduloso. Sepala 5, subæqualia, valde imbricata.

Petala 5, oblonga patentia subæqualia, imbricata. Stamina 10, perigyna, quorum 5, oppositipetala, paulo breviora, 1-formia. Germen fundo receptaculi insertum liberum breviter stipitatum pauci- (plerumque 2) ovulatum; stylo gracili; stigmate parvo capitato. Legumen lanceolatum plano-compressum membranaceum foliiforme, ad suturas indehiscens, sed per valvas medias in pseudovalvas 2 inæquales naviculares longitudine disruptum. Semen 1 (rarius 2), transverse oblongum; hilo ventrali depresso; embryonis exalbuminosi carnosi cotyledonibus late divaricato-2-lobis; radicula brevissima recta inter cotyledonum lobos basi angustatos retracta. — Arbor glabra; foliis pinnatis v. 2-pinnatis; foliolis paucijugis inæquali-obovatis; stipulis, hinc minutis deciduis, inde persistentibus spinescentibus; floribus in racemos breves axillares solitarios v. fasciculatos dispositis; bracteis minutis caducis. (*America trop. et subtrop.*) — *Vid. p.* 83.

8. **Poinciana** L. — Flores subregulares (*Cæsalpiniæ*); sepalis 5, subæqualibus crassis, valvatis. Petala subæqualia, v. summo intimo dissimili; valde imbricata. Stamina 10 (*Cæsalpiniæ*), exserta. Germen sessile v. breviter stipitatum, centrale v. nonnihil excentricum, ∞-ovulatum; stylo tenui brevi v. elongato, apice nonnunquam clavato; stigmate parvo terminali truncato v. ciliolato. Legumen elongatum plano-compressum, nonnunquam perlongum, durum venosum, inter semina farctum, 2-valve. Semina oblonga; testa dura; embryonis albuminosi cotyledonibus crassiusculis; radicula recta brevi exserta. — Arbores inermes; foliis 2-pinnatis; stipulis minutis v. 0; floribus speciosis in summis ramulis racemosis v. corymbosis; bracteis parvis caducis; bracteolis 0. (*India orient., Africa calid. or. et insul.*) — *Vid. p.* 85.

9. **Colvillea** Boj. — Flores *Poincianæ;* calycis ventricosi foliolis coriaceis crassis induplicato-valvatis in saccum apice 5, v. rarius 4-dentatum (dente supremo latiore) connatis; calyce demum basi circumcisso. Corolla *Poincianæ;* petalo summo intimo latiore. Stamina 10 (*Cæsalpiniæ*). Germen subcentrale liberum, ∞-ovulatum; stylo gracili, apice obtuso stigmatoso. « Legumen elongatum rectum crassum turgidum 2-valve. Semina transversa oblonga; hilo parvo. » — Arbor inermis; foliis 2-pinnatis, ∞-foliolatis; stipulis minutis caducis; floribus in racemos densos ramosos dispositis; rachi incrassata; bracteis membranaceis coloratis caducis; bracteolis 0. (*Madagascaria.*) — *Vid. p.* 85.

10. **Acrocarpus** Wight. — Flores subregulares; receptaculo intus discifero campanulato; calyce corollaque subregularibus. Stamina 5, alternipetala æqualia exserta. Germen centrale stipitatum, ∞-ovulatum; stylo brevi inflexo; stigmate parvo terminali. Legumen elongatum, longissime stipitatum, ∞-spermum. Semina?... — « Arbor inermis; foliis amplis 2-pinnatis; foliolis ovatis acuminatis herbaceis; floribus (ante folia expansis) majusculis in racemos axillares solitarios v. ad apicem ramorum 2, 3 dispositis; bracteis bracteolisque parvis caducis. (*India or.*) — *Vid. p.* 85.

11. **Wagatea** Dalz. — Flores subregulares (*Cæsalpiniæ*); receptaculo longe campanulato v. subtubuloso, intus discifero; calyce corollaque subregularibus, imbricatis. Stamina 10, libera, valde perigyna. Germen in fundo receptaculi liberum, ∞-ovulatum; stylo apice subclavato; stigmate concavo obliquo sub-2-labiato. « Legumen oblongo-lineare acutum coriaceum inter semina transverse depressum; suturis incrassatis. Semina obovato-oblonga; testa crassa ossea; cotyledonibus crassis; radicula brevissime recta. » — Frutices alte scandentes aculeati; foliis 2-pinnatis; foliolis numerosis; floribus in spicas elongatas simplices v. ramosas dispositis; rachi incrassata ad flores singulos foveolata; bracteis parvis caducis. (*India or.*) — *Vid. p.* 86.

12. **Pterolobium** R. Br. — Flores subregulares; receptaculo parce concavo, intus discifero. Sepala 5, imbricata. Petala 5, imbricata. Stamina 10, libera; antheris introrsum 2-rimosis. Germen centrale sessile, 1-2-ovulatum; stylo brevi v. elongato, apice stigmatoso truncato v. concavo. Legumen sessile compressum samaroideum, indehiscens 1-spermum; margine placentario obliquo in alam membranaceam oblongam v. falcatam producto. Semen descendens compressum; embryonis exalbuminosi cotyledonibus complanatis; radicula brevi recta. — Arbores v. frutices alte scandentes aculeati; foliis 2-pinnatis; stipulis parvis v. 0; floribus in racemos laxe ramosos terminales dispositis; bracteis caducissimis; bracteolis 0. (*Asia, Africa, Australia trop.*) — *Vid. p.* 86.

13. **Barklya** F. Muell. — Flores subregulares (*Pterolobii*); receptaculo cupuliformi, intus discifero. Calycis gamophylli dentes breves, imbricati. Petala subæqualia longiuscule unguiculata; summo æstivatione vario (nec exteriore). Stamina 10, perigyna subæqualia; antheris

1-formibus sagittatis, introrsum 2-rimosis. Germen stipitatum pauciovulatum; stylo brevi apiculato, apice stigmatoso haud dilatato. « Legumen stipitatum oblongo-lanceolatum planum tenue, vix dehiscens. Semina 1, 2, plano-compressa ; embryonis parce albuminosi cotyledonibus compressis; radicula longiuscula inflexa. » — Arbor inermis; foliis 1-foliolatis ; stipulis 2 parvis lateralibus ; floribus in racemos terminales ramosos dispositis; bracteis minutis; bracteolis 0. (*Australia trop.*) — *Vid. p.* 87.

14. **Gymnocladus** Lamk. — Flores polygamo-diœci ; receptaculo longe tubuloso, intus discifero. Sepala 5, summo tubo inserta, valvata v. inæquali-imbricata. Petala 4, 5, sepalis subsimilia subæqualia, imbricata. Stamina 10, libera, cum perianthio inserta ; antheris 1-formibus, introrsum rimosis, in flore fœmineo effœtis. Germen fundo receptaculi insertum liberum, in flore masculo rudimentarium, in flore hermaphrodito fœmineove ∞-ovulatum ; stylo terminali recto, apice oblique dilatato sub-2-lobo stigmatoso. Legumen sessile oblongum subfalcatum crassum turgidum, demum lignosum, 2-valve, intus inter semina pulposum. Semina crassa subglobosa v. obovoidea ; funiculo longiusculo; integumentis coriaceis; albumine copioso corneo; embryonis carnosi cotyledonibus complanatis; radicula brevi recta. — Arbor inermis ; foliis alternis 2-pinnatis ; foliolis membranaceis ; stipulis 2 lateralibus minutis pectinatis; stipellis linearibus; floribus in racemos terminales simplices ramososve dispositis. (*America bor.*) — *Vid. p.* 87.

15. **Gleditschia** L. — Flores polygami ; receptaculo turbinato-campanulato v. tubuloso, intus discifero. Sepala 3-5, angusta, subimbricata. Petala 3-5, sessilia subæqualia, petalis subconformia, imbricata. Stamina 6-10, libera, cum perianthio inserta, in flore fœmineo effœta. Germen centrale, in flore masculo rudimentarium v. 0, in fœmineo hermaphroditove 2-∞-ovulatum; stylo brevi; stigmate terminali plus minus dilatato. Legumen ovatum elongatumve, rectum compressum, coriaceum v. subdrupaceum; mesocarpio pulposo; endocarpio membranaceo, inter semina (1-∞) intruso, aut indehiscens, aut tardius 2-valve. Semina transversa ; funiculo gracili longiusculo ; albumine corneo; embryonis compressi cotyledonibus subfoliaceis; radicula recta, breviter exserta. — Arbores ; ramulis abortivis sæpe in spinas validas simplices ramosasve mutatis; foliis 2-pinnatis v. (in arbore eadem) simpliciter

paripinnatis; floribus in racemos simplices v. fasciculatos compositosve cymuliferos, axillares lateralesve dispositis. (*America bor.*, *Asia temp. et subtrop.*) — *Vid. p.* 89.

III. SCLEROLOBIEÆ.

16. sclerolobium Vog. — Flores hermaphroditi subregulares; receptaculo cupuliformi v. breviter obconico, intus discifero; ostio recte v. oblique secto. Sepala 5, subæqualia, imbricata. Petala 5, æqualia v. parum inæqualia, membranacea, imbricata; summo intimo (*Cosymbe*); v. tenuia linearia, inæqualia. Stamina 10, cum perianthio inserta; filamentis liberis, basi pilosis, æstivatione inflexis plicativisve; antheris 1-formibus, introrsis, longitudine 2-rimosis. Germen centrale stipitatum fundo receptaculi insertum rectum obliquumve, ∞ -ovulatum; ovulis descendentibus 2-seriatis; micropyle extrorsum supera; stylo terminali gracili, apice stigmatoso truncato v. vix dilatato. Legumen breviter stipitatum plano-compressum, 1-∞ -spermum, indehiscens; exocarpio sæpe ab endocarpio tenuiter sublignoso solubili. Semina magna orbiculata v. reniformia; embryonis exalbuminosi cotyledonibus foliaceis, basi cordatis; radicula recta brevi. — Arbores; foliis impari v. paripinnatis; stipulis minutis v. 0, rarius foliaceis 1-3-foliolatis; floribus parvis numerosis in racemos valde ramosos terminales dispositis; bracteis minutis caducis. (*America trop.*) — *Vid. p.* 90.

17. Diptychandra Tul. — Flores (*Sclerolobii*); sepalis petalisque 5, imbricatis. Stamina 10 (*Sclerolobii*). Germen centrale stipitatum pauciovulatum; stylo gracili inflexo; stigmate terminali truncato v. leviter dilatato. Legumen breviter stipitatum breve v. elongatum plano-compressum, intus nudum, 2-valve; valvis coriaceis; marginibus nerviformibus. Semina 1-3, transversa orbiculata v. reniformia, valde compressa; testa in alam marginalem expansa; embryonis exalbuminosi cotyledonibus planis; radicula brevi recta. — Arbores fruticesve inermes; foliis pari v. subimparipinnatis; foliolis pellucido-punctulatis; stipulis minutis v. 0; floribus in racemos laxos axillares terminalesque dispositis; bracteis caducissimis. (*Brasilia, Bolivia.*) — *Vid. p.* 92.

18. Pœppigia Presl. — Flores *Diptychandræ;* receptaculo subcampanulato, intus discifero. Sepala plerumque in calycem gamophyllum connata ; lobis 5, leviter imbricatis. Petala 5, parum inæqualia, imbricata. Stamina 10 ; filamentis liberis rectis; antheris introrsis versatilibus. Germen stipitatum fundo receptaculi insertum liberum, ∞ - ovulatum ; stylo brevi; stigmate parvo terminali. Legumen elongatum valde plano-compressum membranaceum, ad suturam superiorem anguste alatum, indehiscens (?). Semina compressa ; embryonis exalbuminosi cotyledonibus foliaceis ; radicula recta. — Arbor inermis; foliis imparipinnatis ; floribus in racemos compositos valde ramosos pyramidatos cymuliferos terminales dispositis; bracteis bracteolisque membranaceis caducissimis. (*America trop.*) — *Vid. p.* 92.

19. **Batesia** Spruce. — Receptaculum campanulatum, intus disci-ferum. Calycis regularis sepala 5, æqualia, imbricata. Petala 5, valde perigyna, subæqualia, imbricata. Stamina 10, cum petalis inserta ; filamentis liberis basi villosis, in alabastro inflexis ; antheris 1-formibus introrsis; loculis 2, longitudine dehiscentibus. Germen stipite centrali apice oblique dilatato insertum pauciovulatum ; stylo brevi crasso; stigmate terminali concavo ciliato. « Legumen breve subfalcatum com-presso-turgidum coriaceo-sublignosum, costis elevatis percussum, folli-culatim dehiscens. Semina pauca, exarillata crasso-compressa albumi-nosa ; cotyledonibus planis carnosulis, basi cordatis; radicula brevi recta. » — Arbor procera inermis; foliis imparipinnatis ; floribus in racemos compositos ramosissimos terminales dispositis; bracteis brac-teolisque angustis caducissimis. (*Brasilia bor.*) — *Vid. p.* 92.

20. **Vouacapoua** Aubl. — Flores *Batesiæ ;* antheris subsagittatis ; ovario subsessili, 1-ovulato; ovulo descendente anatropo; stylo arcuato, apice concavo ciliato stigmatoso. Fructus coriaceo-sublignosus inæquali-obovatus, obtuse apiculatus, extus rugosus, folliculatim dehiscens 1-sper-mus ; semine descendente obovato glabro exalbuminoso ; embryone crasso carnoso. — Arbor inermis ; foliis et inflorescentia *Batesiæ*. (*Guiana, Brasilia bor.*) — *Vid. p.* 93.

21. **Melanoxylon** Schott. — Flores *Pœppigiæ ;* receptaculo campa-nulato, intus discifero; calyce corollaque subregularibus, imbricatis. Stamina 10, vix declinata; filamentis basi villosis; antheris oblongis introrsis 1-formibus. Germen sessile subcentrale, ∞ - ovulatum ; stylo brevi crasso incurvo; stigmate truncato concavo ciliolato. « Legumen late oblongo-falcatum compressum coriaceo-sublignosum, intus inter

semina farctum, 2-valve. Semina transversa oblonga compressa; integumento interiore coriaceo nitido appresso; exteriore samariformi laxo membranaceo, apice in alam falcatam truncatam usque ad marginem valvularum extensam producto, basi cum funiculo brevissimo continuo »; albumine tenui; cotyledonibus planis oblongis, basi cordatis; radicula brevi recta. — Arbor procera ferrugineo-velutina; foliis imparipinnatis; foliolis ∞ -jugis; floribus majusculis in racemum amplum ramosissimum terminalem dispositis. (*Brasilia.*) — *Vid. p.* 94.

22. **Thylacanthus** Tul. — Flores *Batesiæ;* sepalis 4, 5, membranaceis petaloideis v. crassiusculis, imbricatis. Petala 5, parum inæqualia, imbricata. Stamina 10, libera v. ima basi brevissime connata; filamentis in alabastro inflexis; antheris 1-formibus. Germen centrale, breviter stipitatum, ∞ - ovulatum; stylo elongato, æstivatione involuto, apice peltato stigmatoso. Fructus...? — Arbores parvæ inermes; foliis paripinnatis; floribus ad apices ramorum in racemos compositos corymbosos dispositis; bracteis crassis cochleatis caducissimis; bracteolis 2, concavis crassiusculis per anthesin in involucrum 2-lobum sub flore persistens connatis (*Euthylacanthus*), v. coriaceo-crassissimis eburneis, ante anthesin globum constituentibus, per anthesin apertis persistentibus (*Dicymbe*), alabastrum juniorem includentibus. (*Brasilia bor.*, *Venezuela austr.*) — *Vid. p.* 95.

23. **Campsiandra** Benth. — Receptaculum campanulatum, intus disciferum. Sepala 5, imbricata. Petala 5, subæqualia, imbricata. Stamina ∞ (sæpius 15-20), perigyna; filamentis liberis glabris exsertis; antheris introrsis. Germen subcentrale liberum, breviter stipitatum, ∞ - ovulatum; stylo terminali; stigmate minuto v. dilatato. Legumen magnum compressum, rectum falcatumve, coriaceum lignosumve, 2-valve. « Semina exarillata exalbuminosa; embryonis radicula recta; cotyledonibus planis oblique v. æquali-cordatis. » — Arbores inermes; foliis alternis imparipinnatis; stipulis minutis caducissimis; floribus in racemos compositos corymbiformes ramosissimos terminales dispositis; bracteis caducis. (*America trop.*) — *Vid. p.* 96.

24.? **Phyllocarpus** Ried. — Receptaculum concavum, intus disciferum; sepalis 4, imbricatis. Petala 3, posteriora; summo intimo minore.'' Stamina 10, 2-adelpha (9-1); filamento summo libero; cæteris in vaginam supra fissam coalitis; antheris 1-formibus; introrsum 2- rimosis. Germen centrale stipitatum pauciovulatum; stylo tenui contorto, ad apicem clavato; stigmate minuto terminali. Legumen oblongum subfalcatum compressum tenue, indehiscens (?); sutura placentaria in alam angustam producta. — Arbor inermis; foliis paripinnatis ∞ - foliolatis; floribus in racemos breves ad nodos aphyllos ramorum annotinorum sæpius fasciculatos dispositis; bracteis bracteolisque caducissimis. (*Brasilia trop.*) — *Vid. p.* 97.

IV. AMHERSTIEÆ.

25. **Amherstia** WALL. — Flores hermaphroditi irregulares resupinati; receptaculo longe tubuloso, intus discifero. Sepala 4, summo tubo inserta, petaloidea inæqualia; præfloratione imbricata. Petala 5, libera; posteriora 3 late membranacea; summo intimo majore late obcordato; anteriora 2 minima rudimentaria. Stamina 10, cum perianthio inserta, 2-adelpha (9-1); filamento vexillari libero; cæteris in vaginam supra fissam coalitis; oppositipetalis 5 multo minoribus; antheris introrsis 2-locularibus, 2-rimosis. Germen stipitatum, valde excentricum et postice pariete receptaculi prope ad marginem insertum, ∞ -ovulatum; stylo gracili in alabastro revoluto, apice capitellato-stigmatoso. Legumen elongatum falcatum plano-compressum coriaceo-lignosum, 2-valve; sutura placentaria incrassato-dilatata. Semina transversa ovato-orbiculata compressa exarillata; embryonis exalbuminosi cotyledonibus planis; radicula brevi recta inclusa. — Arbor inermis; foliis alternis paripinnatis; foliolis amplis coriaceis; stipulis foliaceis caducis; floribus magnis in racemos amplos laxos terminales pendulos dispositis; bracteis caducis; bracteolis amplis coloratis persistentibus liberis v. vix basi connatis alabastrum includentibus, demum patentibus. (*India.*) — *Vid. p.* 97.

26. **Humboldtia** VAHL. — Flores *Amherstiæ*, multo minores; staminibus liberis 10, fertilibus, v. sæpius 5 oppositipetalis ad filamenta parva sterilia reductis v. omnino deficientibus. Germen pauciovulatum. Legumen oblongum obliquum falcatumve compressum coriaceum, 2-valve. Semina pauca compressa exarillata. — Frutices inermes; foliis alternis paripinnatis; stipulis foliaceis oblique reniformibus v. semisagittatis; racemis densis terminalibus v. in nodis vetustis ligni sessilibus solitariis

geminisve; bracteis ovatis oblongisve; bracteolis coloratis alabastrum includentibus, demum patentibus. (*Asia, Africa trop.*) — *Vid. p.* 99.

27. **Schotia** JACQ. — Flores *Humboldtiæ;* staminibus 10, liberis v. ima basi 1-adelphis. Legumen oblongum v. lato-lineare, falcatum rectumve, plano-compressum coriaceum, subindehiscens; sutura placen-taria nonnunquam marginata. Semina orbiculata compressa exarillata (*Theodora*), v. funiculo ad hilum in arillum cupulatum expanso (*Eu-schotia*); embryonis exalbuminosi cotyledonibus planis; radicula brevis-sima. — Arbores v. frutices inermes; foliis paripinnatis; stipulis par-vis; floribus speciosis in racemos breves ramosos confertis; bracteis bracteolisque membranaceis caducissimis. (*Africa austr. et subtrop.*) — Vid. p. 100.

28. **Palovea** AUBL. — Flores *Amherstiæ;* sepalis 4, imbricatis; pe-talis 3, posterioribus, imbricatis. Stamina 9 (vexillari deficiente), libera. Legumen oblongum valde obliquum plano-compressum coriaceo-ligno-sum; sutura placentaria incrassata. Semina ovata compressa. — Arbus-culæ inermes; foliis 1-foliolatis coriaceis; stipulis parvis; floribus in summis ramulis breviter spicatis; bracteis brevibus persistentibus; bracteolis lateralibus coloratis in involucellum 2-lobum connatis ca-lyceque brevioribus. (*Guiana.*) — *Vid. p.* 100.

29. **Elisabetha** SCHOMB. — Flores *Paloveæ;* petalis 5, subæqualibus, imbricatis; staminibus 9, liberis v. ima basi connatis; fertilibus 3 magnis sepalis anterioribus oppositis; 6 autem posterioribus minutis v. anan-theris. « Legumen elongatum falcatum plano-compressum coriaceo-lignosum, 2-valve; sutura placentaria incrassata. Semina ovata com-pressa. » — Arbores inermes; foliis paripinnatis; stipulis caducis; floribus ad apices ramosum in racemos breves v. capitatos dis-positis; bracteis latis coloratis; bracteolis coriaceis coloratis calyce longioribus, in vaginam alabastrum includentem connatis. (*Guiana.*) — *Vid. p.* 100.

30. **Heterostemon** DESF. — Flores *Paloveæ;* petalis 3 posterioribus latis; anterioribus 2 rudimentariis; staminibus 9 (*Elisabethæ*); filamentis autem in vaginam supra fissam connatis. Legumen stipitatum elongatum rectum falcatumve plano-compressum coriaceum, 2-valve; suturis vix incrassatis. Semina ovata v. orbicularia compressa; embryonis exalbu-minosi cotyledonibus planis; radicula brevi inclusa. — Arbores humiles

v. debiles inermes; foliis 1-∞ -foliolatis; stipulis foliaceis caducis; floribus in racemos breves paucifloros terminales v. ad nodos defoliatos sessilibus dispositis; bracteis parvis; bracteolis persistentibus connatis brevissimis. (*America trop.*) — *Vid. p.* 101.

31. **Brownea** Jacq. — Flores *Paloveæ ;* calyce 4-mero, valvato. v. imbricato; petalis 5, parum inæqualibus, imbricatis. Stamina 10-15, libera v. inæquali-1-adelpha. Legumen oblongum elongatumve, rectum v. falcatum plano-compressum, coriaceum v. sublignosum, 2-valve; sutura placentaria incrassata v. dilatata; seminibus ovatis compressis; embryone *Heterostemonis.* — Arbores; foliis paripinnatis; stipulis foliaceis sæpe coloratis, caducis; floribus speciosis in racemos breves terminales paucifloros v. densissimos subcapitatos dispositis; bracteis parvis v. amplis coloratis; bracteolis coloratis calycem includentibus plus minus alte connatis. (*America trop.*) — *Vid. p.* 102.

32. **Saraca** Burm. — Flores *Humboldtiæ ;* calyce colorato; corolla 0; staminibus 3-10, aut fertilibus omnibus, aut sterilibus anantherisve 1-6; filamentis liberis v. ima basi connatis. Legumen oblongum elongatumve, plano-compressum v. turgidulum, coriaceo-sublignosum, 2-valve. Semina crasso-compressa v. subglobosa, ovoidea cylindricave exarillata; embryonis exalbuminosi cotyledonibus crassis v. crassissimis; radicula recta inclusa. — Arbores fruticesve, raro scandentes; foliis paripinnatis; foliolis coriaceis sæpius paucijugis; stipulis parvis caducis v. 0; floribus in racemos compositos sæpius breves ramosissimos laterales dispositis; bracteis parvis deciduis; bracteolis lateralibus, tubo receptaculi multo brevioribus, ante anthesin sæpe marginibus attenuatis imbricatis. (*Asia trop.*) — *Vid. p.* 103.

33. **Apalatoa** Aubl. — Flores apetali (*Saracæ*); staminibus 10, v. paucioribus, liberis, fertilibus. Germen breviter stipitatum excentricum v. rarius subcentrale, 2-4 v. rarius ∞-ovulatum. Legumen oblique orbiculatum, ovatum v. latius oblongum compressum coriaceum, 2-valve; suturis sæpe incrassatis. Semina 1 v. pauca compressa; embryone exalbuminoso compresso. — Arbores inermes; foliis imparipinnatis; foliolis alternis; stipulis minutis v. late foliaceis persistentibus; floribus in racemos simplices laterales terminalesve dispositis; bracteis bracteolisque raro persistentibus. (*America, Africa, Asia trop., archip. ind.*) — *Vid. p.* 103.

34. **Baikiæa** Benth. — Flores subregulares; receptaculo turbinato, intus discifero. Sepala 4, crassa, extus velutina, marginibus abrupte attenuatis v. oblique sectis imbricata; summo latiore (duplici). Petala 5, subæqualia, unguiculata, imbricata; summo intimo æquilatero, cæteris obliquis. Stamina 10, libera; filamentis basi villosis; alternisepalis 5 tenuioribus; antheris introrsum 2-rimosis versatilibus. Germen excentricum stipitatum, ∞ - ovulatum; apice in stylum glabrum minute capitatum attenuato. Fructus...? — Arbores glabri (floribus exceptis); foliis paripinnatis 1-2-jugis amplis coriaceis; stipulis minutis; floribus magnis in racemos breves subterminales dispositis; bracteis bracteolisque brevibus caducis. (*Africa trop. occ.*) — *Vid. p.* 104.

35. **Tamarindus** T. — Flores irregulares; receptaculo anguste tubuloso, intus discifero.. Sepala 4, imbricata; summo latiore (duplici). Petala 3, posteriora, imbricata; summo intimo, v. rarius extimo, sæpe angustiore. Stamina 9 (*Heterostemonis*); fertilibus 3, petalis inferioribus oppositis, majoribus; filamentis in vaginam supra fissam coalitis, ad medium liberis; antheris introrsum 2-rimosis; sterilibus 6, ad staminodia brevia subulata reductis. Germen stipitatum valde excentricum, receptaculi margini postice insertum, ∞ - ovulatum; stylo apice vix dilatato truncato stigmatoso. Fructus oblongus linearisve subcompressus incurvus drupaceus, indehiscens; epicarpio crustaceo fragili; mesocarpio crasso valde pulposo nervisque lignosis ramosis percurso; endocarpio coriaceo inter semina septato. Semen obovato - orbiculatum compressum; testa durissima; embryonis exalbuminosi cotyledonibus carnosis; radicula recta inclusa.—Arbor inermis; foliis alternis paripinnatis; foliolis parvis ∞ - jugis; stipulis lateralibus caducis; floribus ad apices ramorum racemosis; bracteis bracteolisque coloratis caducis. (*Africa, Asia* (?) *trop.*)— *Vid. p.* 104.

36. **Vouapa** Aubl. — Flores irregulares; receptaculo concavo, forma vario, hinc anguste tubuloso, inde sæpius breviter turbinato, intus discifero. Sepala 4; summo latiore, v. rarius 5, subæqualia, imbricata. Petala 5; summo maximo unguiculato, in alabastro valde complicato-cucullato, sæpius extimo; anterioribus 4 minoribus, v. minimis squamiformibus, rarius 0. Germen stipitatum plus minus excentricum, 2- ∞ - ovulatum; stylo gracili, apice truncato v. capitato stigmatoso. Legumen oblique orbiculatum ovatum oblongum v. falcatum plano-compressum, 2-valve; sutura placentaria interdum incrassata dilatatave. Semina 1

v. pauca ovata v. orbiculata compressa; embryonis exalbuminosi cotyledonibus crassis; radicula recta inclusa. — Arbores inermes; foliis
pari v. rarius imparipinnatis; foliolis 1 v. pauci, rarius multijugis;
stipulis foliaceis v. parvis caducis, rarius 0; floribus in racemos simplices ramososve terminales axillares dispositis; bracteis caducis; bracteolis 2 crassiusculis coriaceisve alabastrum 2-valvatim includentibus,
demum patentibus. (*America, Africa trop.*) — *Vid. p.* 107.

37. **Berlinia** SOLAND. — Flores magni (*Vouapæ*); sepalis 5, tenuibus,
imbricatis; petalo summo maximo; anterioribus 4 paulo minoribus
v. sæpius rudimentariis v. 0. Stamina 10, fertilia v. rarius 5, alternipetala; filamentis liberis v. ima basi connatis; antheris 1-formibus
introrsis. Germen valde excentricum stipitatum alte sub androcæo
insertum, ∞ – ovulatum; stylo gracili, apice truncato v. capitato stigmatoso. Fructus...? — Arbores inermes; foliis paripinnatis; foliolis
coriaceis; stipulis parvis caducis v. rarius late foliaceis; floribus in
racemos simplices v. sæpius compositos valde ramosos terminales dispositis; bracteis coriaceis caducis; bracteolis late concavis crassis spathu-
latis alabastrum valvatim includentibus, demum patentibus v. deciduis.
(*Africa trop. occ.*) — *Vid. p.* 109.

38. **Daniella** BENN. — Flores subregulares; receptaculo anguste
turbinato, intus discifero. Sepala 4, parum inæqualia colorata, imbricata. Petala 5; summo parvo v. majusculo; anterioribus 4 sæpius
rudimentariis v. omnino deficientibus; lateralibus 2 rarius majusculis,
imbricatis. Stamina 10, libera (*Berliniæ*). Germen excentricum stipitatum, ∞ -ovulatum; stylo terminali, apice capitato stigmatoso. Legumen
stipitatum oblique ovato - oblongum subfalcatum plano-compressum
coriaceum, 2-valve; endocarpio elastice secedente. Semen sæpius 1, compressum; embryonis exalbuminosi radicula brevi recta. — Arbores
inermes; foliis paripinnatis; foliolis coriaceis; stipulis lateralibus caducis; floribus in racemos compositos valde ramosos ad apices ramorum
dispositis; bracteis bracteolisque subsquamosis margine attenuatis coloratis imbricatis caducissimis. (*Africa trop. occ.*) — *Vid. p.* 109.

39. **Eperua** AUBL. — Flores *Berliniæ;* sepalis 4, plus minus alte
connatis, imbricatis; petalo 1, sessili latissimo. Stamina 10, fertilia
libera v. basi leviter connata (*Parivoa*). Germen stipitatum margini
receptaculi postice insertum, ∞ - ovulatum; stylo gracili, æstivatione

involuto, apice minute capitato stigmatoso. Legumen late oblongum elongatumve, sæpius obliquum plano-compressum coriaceum lignosumve, 2-valve; seminibus paucis ovatis elongatisve compressis; embryonis exalbuminosi carnosi radicula brevi inclusa. — Arbores inermes excelsæ debilesve sarmentosæ; foliis paripinnatis v. subparipinnatis; foliolis paucis coriaceis; stipulis minutis v. foliaceis deciduis; floribus speciosis in racemos terminales simplices pendulos v. ramosos, nonnunquam perlongos, dispositis; bracteis bracteolisque caducis. (*America trop.*) — *Vid. p.* 110.

40. **Afzelia** Sm. — Flores *Berliniæ*; sepalis 4, imbricatis; petalo summo unguiculato late orbiculato v. reniformi; anterioribus 4 rudimentariis v. 0. Stamina 9, anteriora (vexillari deficiente) libera v. plus minus alte 1-adelpha (*Pahudia*), fertilia 3-7, inæqualia; cætera ananthera v. antheris rudimentariis donata, rarius omnino deficientia. Gynæceum *Berliniæ*. Legumen stipitatum oblique oblongum compressum crasso-coriaceum v. lignosum, inter semina transverse septatum v. pulposum. Semina transversa oblonga v. orbiculata, aut nuda (*Intsia*), aut arillo crasso carnoso inæquali-cupulato donata (*Euafzelia*); embryone exalbuminoso carnoso. — Arbores inermes; foliis pari v. subimparipinnatis; foliolis paucijugis coriaceis; floribus in racemos compositos ramosos terminales dispositis; bracteis parvis deciduis; bracteolis 2, lateralibus ovatis subpersistentibus alabastro brevioribus. (*Africa, Asia, Oceania trop.*) — *Vid. p.* 111.

41. **Didelotia** H. Bn. — Flores parvuli (*Berliniæ*); receptaculo brevi, intus discifero; sepalis petalisque brevissimis ad squamulas parvas inæquales v. subnullas reductis. Stamina 10, aut fertilia omnia (*Brachystegia*), aut oppositipetala 5 ananthera brevia v. brevissima, rarius omnino deficientia. Germen stipitatum plus minus excentricum, ∞ – ovulatum; stylo tenui apice stigmatoso vix dilatato truncatove. « Legumen oblongum v. lato-lineare, sæpe falcatum compressum sublignosum, 2-valve; sutura placentaria incrassata. Semina transversa ovata v. orbiculata compressa; embryonis exalbuminosi carnosi cotyledonibus planis; radicula brevi recta inclusa. » — Arbores inermes; foliis alternis paripinnatis; foliolis 1 v. paucijugis insymmetricis coriaceis; stipulis brevissimis caducis; floribus crebris in racemos simplices terminales axillaresque v. terminales valde ramosos dispositis; bracteis parvis v. glandulæformibus; bracteolis 0 v. majusculis obovato-concavis alabastrum 2-valvatim includentibus. (*Africa trop.*) — *Vid. p.* 113.

42. **Hymenæa** L. — Flores crassi; receptaculo crasse campanulato
v. turbinato, intus discifero. Sepala 4, valde imbricata coriacea; summo
latiore. Petala 5, sessilia parum inæqualia (*Courbaril*, *Peltogyne*),
v. rarius anteriora 2 minima squamiformia v. 0 (*Trachylobium*); æstivatione valde imbricata. Stamina 10, libera perigyna. Germen stipitatum plus minus excentricum; stylo elongato v. abbreviato, apice
stigmatoso parce v. late dilatato subpeltato (*Peltogyne*); ovulis 2-∞.
Legumen indehiscens, hinc oblique orbiculatum v. acinaciforme, supra
plus minus alatum (*Peltogyne*), inde ovoideum oblongumve, plus minus
verrucosum, coriaceo-sublignosum, aut breve oligospermum (*Trachylobium*), aut elongatum (*Courbaril*); endocarpio intus inter semina pilis
densis farinosis omnino farcto. Semina forma varia exalbuminosa. —
Arbores inermes; foliis 2-foliolatis; foliolis insymmetricis coriaceis;
stipulis parvis caducis; floribus in racemos densos compositos valde
ramosos sæpe corymbiformes terminales v. subterminales dispositis;
bracteis bracteolisque parvis caducis, raro breviter connatis (*Peltogyne*)
et persistentibus. (*America trop.*, *Africa trop. or. et insul.*)—*Vid. p.* 113.

43. **Tachigali** AUBL. —Flores in alabastro insigniter incurvo-clavati;
receptaculi obconici, intus disciferi, ore obliquo. Sepala 5, parum
inæqualia, valde imbricata. Petala 5, parum inæqualia, imbricata. Stamina 10, fertilia. Germen stipitatum receptaculo sub androcæo postice
insertum, ∞ – ovulatum. Legumen oblongum v. elongatum plano-compressum, indehiscens (?). Semina compressa; albumine tenui; embryone
compresso. — Arbores inermes; foliis paripinnatis; stipulis parvis
caducis; floribus in racemos axillares simplices v. terminales ramosos dispositis; bracteis caducis; bracteolis 0. (*America trop.*) —
Vid. p. 114.

44. **Schizolobium** VOG. — Flores *Tachigali;* ore receptaculi nonnihil minus obliquo. Legumen inæquali-obovatum compressum, 1-sper-
mum, 2-valve; endocarpio membranaceo sublignoso ab exocarpio
membranaceo secedente. Semen apice fructus endocarpio aliformi solubili inclusum oblongum compressum; albumine corneo crasso; embryonis compressi radicula recta exserta. — Arbores excelsæ; foliis
alternis 2-pinnatis; foliolis parvis ∞; floribus in racemo axillares
simplices v. terminales ramosos dispositis; bracteis parvis caducis;
bracteolis 0. (*America trop.*) — *Vid. p.* 115.

V. BAUHINIEÆ.

45. **Bauhinia** Plum. — Flores hermaphroditi, rarius polygami, irregulares resupinati; receptaculo intus discifero, aut breviter turbinato, aut tubuloso. Calyx ante anthesin integer, apice clausus v. contractus breviterque 5-dentatus, per anthesin varie fissus, spathaceusve; præfloratione valvata v. imbricata. Petala 5, parum v. valde inæqualia, imbricata; summo intimo. Stamina 10, perigyna, aut perfecta fertiliaque omnia; antheris introrsis 2-locularibus, 2-rimosis versatilibus; filamentis liberis v. plus minus alte coalitis; aut 1-9 ad staminodia sterilia reductis v. omnino deficientibus. Germen subsessile v. sæpius stipitatum, basi raro supra glandula munitum, centrale v. excentricum, receptaculo antice insertum, 2-∞-ovulatum; stylo terminali apice varie dilatato v. peltato stigmatoso. Legumen oblongum v. lineare, rectum, obliquum v. falcatum, membranaceum, coriaceum v. subcarnosum, intus continuum v. inter semina farctum septatumve, indehiscens v. 2-valve. Semina subglobosa v. ovoidea compressa; testa tenui durave; embryonis albuminosi cotyledonibus planis; radicula brevi recta obliqua v. subinflexa, sæpius exserta. — Arbores fruticesve erecti v. scandentes; caule tereti v. inæquali-compresso complanatove fasciato; ramis cirris simplicibus ad basin racemorum sæpe munitis; foliis simplicibus, 1-3-nerviis, integris v. 2-lobis, sæpe 2-foliolatis; summo petiolo inter foliola prominulo aristato; stipulis forma variis, sæpe caducis; floribus in racemos simplices terminales axillaresque, v. rarius terminales valde ramosos corymbiformes dispositis. (*Orbis totius reg. trop.*) — *Vid. p.* 116.

46. **Griffonia** H. Bn. — Flores *Bauhiniæ;* receptaculo longe tubuloso, valde elongato; calycis laxe campanulati lobis 5, imbricatis. Petala 5, subæqualia, imbricata. Stamina 10, perigyna libera; antheris 1-formibus introrsis versatilibus. Germen stipitatum, valde excentricum, antice receptaculo insertum, ∞-ovulatum; stylo brevi; stigmate minuto terminali. Legumen longe stipitatum oblique oblongum compressum turgidumve; stylo persistente apiculato v. uncinato, 2-valve. Semina pauca...? — Frutices scandentes; foliis alternis 1-foliolatis penninerviis v. 3-nerviis; stipulis lateralibus parvis; floribus speciosis in racemos axillares, supra-axillares v. terminales simplices v. ramosos dispositis; bracteis parvis caducis. (*Africa trop. occ.*) — *Vid. p.* 120.

47. **Cercis** L. — Receptaculum breviter turbinatum, intus disciferum; ore obliquo. Calyx inæquali-campanulatus, late 5-dentatus, imbricatus. Petala 5, valde dissimilia, imbricata; summo intimo. Stamina 10; filamentis liberis declinatis; antheris introrsis 1-formibus, 2-rimosis. Germen stipitatum subcentrale, ∞-ovulatum; stylo crassiusculo, apice obtuso stigmatoso. Legumen oblongum v. lato-lineare compressum tenue venosum, tardius 1-2-valve; sutura placentaria anguste alata. Semina obovata ovatave compressa; albumine duro; embryonis compressi cotyledonibus planis; radicula recta obliquave incurva breviter exserta. — Arbores v. frutices inermes; foliis simplicibus integris v. emarginato-2-lobis, 3-∞-nerviis; stipulis parvis caducis; floribus in racemos breves simplices v. compositos solitarios v. sæpius fasciculatos in ligno caulis et ramorum annotinorum v. vetustiorum dispositis. (*Asia temp. et or.*, *America bor.*) — *Vid. p.* 120.

VI. CASSIEÆ.

48. **Cassia** T. — Flores hermaphroditi irregulares resupinati; receptaculo vix dilatato, apice convexiusculo v. subplano, rarius concaviusculo. Sepala 5, valde inæqualia, apice hinc acuta, inde obtusa, imbricata. Petala 5, alterna, subæqualia v. inæqualia (posterioribus minoribus), imbricata; summo intimo. Stamina 10, subhypogyna libera, aut fertilia omnia (*Absus, Cathartocarpus, Psilorhegma*) subæqualia, v. superiora minora; antheris sub-1-formibus, 2-locularibus introrsis, apice rimis 2 brevibus obliquis confluentibus poriformibusve, rarius foramine basilari dehiscentibus; aut superiora 3-5 minora v. minima imperfecta v. abortiva sterilia. Germen liberum, sessile v. stipitatum centrale, rectum v. sæpius arcuatum, ∞-ovulatum; stylo brevi v. elongato; stigmate terminali parvo, truncato v. rarius tumido ciliolato concavo, v. urceolato, intus papilligero. Legumen teres v. crasso-compressum lignosum, septis transversis inter semina divisum, indehiscens (*Cathartocarpus*) v. 2-valve, plano-compressum (*Chamæsenna*) v. tenue membranaceum valde compressum, medio ad semina incrassatum, subindehiscens (*Senna*), basi et apice sæpius acutatum (*Chamæcrista, Absus*), rarius alatum, intus nudum v. inter semina septatum pulpave farctum. Semina transversa v. rarius longitudinalia (*Prososperma*), horizontaliter v. verti-

caliter compressa, rarius tetragono-subterctia ; embryonis albuminosi
cotyledonibus planis, rarius arcuatis v. undulatis ; radicula brevi recta.
— Arbores, frutices v. herbæ ; foliis alternis paripinnatis, rarius ad
petiolos phyllodineos reductis ; stipulis et glandulis petiolaribus variis
v. 0 ; floribus in racemos axillares v. terminales, simplices ramososve
compositos dispositis, rarius in axillis singulis solitariis v. paucis ; bracteis
et bracteolis variis. (*Orbis totius reg. trop. et subtrop., rar. temper.*) —
Vid. p. 122.

49 ? **Petalostyles** R. Br. — Flores *Cassiæ ;* staminibus subhypogynis 5 ; fertilibus 3, anterioribus ; antheris 2-rimosis ; sterilibus 2, acuminatis. Germen sessile, ∞-ovulatum ; stylo in saccum petaloideum cucul-
latum valde reflexum, 3-lobum dilatato ; lobo medio longiore apice
stigmatoso. Legumen oblongo-lineare plano-compressum obliquum,
2-valve. Semina obliqua compressa albuminosa ; funiculo in arillum
parvum carnosum dilatato ; cotyledonibus planis ; radicula brevi recta.
— Frutex inermis ; foliis imparipinnatis ; stipulis parvis caducis ; floribus
axillaribus solitariis pedunculatis. (*Australia.*) — *Vid. p.* 128.

50. **Labichea** Gaudich. — Flores *Cassiæ*, 4-5-meri. Stamina 2,
sæpius inæqualia ; altero nonnunquam sterili ; libera ; antheris basifixis, apice 2-porosis. Germen liberum sessile v. breviter stipitatum
pauciovulatum ; stylo brevi ; stigmate parvo terminali. Legumen oblongum v. lanceolatum compressum, 2-valve. Semina compressa
albuminosa arillata. — Frutices v. suffrutices ; foliis imparipinnatis
v. subdigitatis, rarius 1-foliolatis ; stipulis parvis caducis ; floribus in
racemos axillares sæpe breves dispositis ; bracteis caducis ; bracteolis 0.
(*Australia.*) — *Vid. p.* 129.

51. **Dicorynia** Benth. — Flores *Cassiæ ;* sepalis 5, ovatis, valde
inæqualibus, imbricatis ; petalis 3, posterioribus, valde imbricatis.
Stamina 2, libera ; antheris apice breviter dehiscentibus. Germen sessile
pauciovulatum ; stylo inflexo ; stigmate parvo terminali. Legumen
oblique v. recte ovatum plano-compressum coriaceum, indehiscens (?) ;
sutura placentaria anguste alata. Semina compressa albuminosa. —
Arbores inermes ; foliis alternis imparipinnatis ; foliolis coriaceis ;
stipulis caducissimis ; floribus in racemos compositos valde ramosos
terminales dispositis ; bracteis bracteolisque caducissimis. (*America
trop.*) — *Vid. p.* 130.

52. Martia Benth. — Receptaculum breviter conicum. Sepala 5, parum inæqualia, subhypogyna ; præfloratione imbricata v. marginibus oblique sectis subvalvata. Petala 5 (rarius 4), parum inæqualia ; præfloratione imbricata; summo intimo. Stamina 4, 5, libera subhypogyna ; filamentis brevibus erectis ; antheris subbasifixis elongatis acuminatis, 2-locularibus, 4-locellatis, sub apice rimis 2 brevibus poriformibus dehiscentibus. Germen centrale liberum sessile pauci- v. rarius ∞ - ovulatum ; stylo subulato ; stigmate minuto terminali. Legumen ample oblongum plano-compressum tenuiter coriaceum, costis 2 longitudinalibus percursum; suturis late alatis ; 1 v. oligospermum, indehiscens. Semen planum reniforme v. subrhombeum; albumine tenui; embryonis compressi cotyledonibus tenuibus ; radicula brevi recta. — Arbores inermes; foliis alternis imparipinnatis; stipulis caducissimis; floribus in racemos compositos valde ramosos terminales dispositis; alabastris acuminatis incurvis; bracteis bracteolisque caducissimis. (*America trop.*) — *Vid. p.* 130.

53. Storckiella Seem. — Flores *Martiæ;* perianthio hypogyno, imbricato, plerumque 5, rarius 3 v. 6-mero. Stamina, aut 10 v. rarius ultra (*Eustorckiella*), aut 4 (*Doga*); antheris sub apice breviter 2-rimosis. Germen breviter stipitatum, ∞ - ovulatum; stylo subulato, apice tenui stigmatoso. Legumen oblongum plano-compressum coriaceum, ad suturam placentariam longitudinaliter alatum, 2-valve. Semina ∞, transversa ; albumine carnoso; embryonis (virescentis) cotyledonibus basi cordatis; radicula brevi recta. — Arbores inermes; foliis alternis imparipinnatis; stipulis parvis caducissimis ; inflorescentiis *Martiæ.* (*Oceania.*) — *Vid. p.* 131.

54. Baudouinia H. Bn. — Flores *Storckiellæ;* sepalis petalisque 5, hypogynis, imbricatis. Stamina 10, hypogyna, libera, omnia fertilia ; antheris basifixis, apice penicillatis ; loculis 2, longitudine dehiscentibus ; posterioribus paulo brevioribus. Germen centrale liberum breviter stipitatum, 3-4-ovulatum; stylo subulato, apice minuto stigmatoso. Fructus carnosus oblique stipitatus cylindraceus, inter semina oblique v. subtransverse septatus. Semina... ? — Arbusculæ ; foliis alternis simplicibus ; stipulis brevissimis caducissimis ; floribus in racemos spurios axillares pedunculatos paucifloros, rarius 1-floros dispositis. (*Africa trop., insul. occid.*) — *Vid. p.* 132.

55. **Duparquetta** H. Bn. —Perianthium hypogynum. Sepala 4, ampla, inæqualia; infimo extimo coriaceo, summo subpetaloido; lateralibus 2 petaloideis intimis, inæquali 2-lobis valde insymmetricis. Petala 5, valde dissimilia; præfloratione imbricata vexillari; superioribus 3 membranaceis ovato-lanceolatis; summo extimo; inferioribus 2 minutis squamiformibus inæquali-glanduloso-ciliatis. Stamina hypogyna 4, 5, 3-adelpha; lateralibus 2, liberis; summis 2, 3, coalitis; filamentis brevibus planis; antheris basifixis elongatis, 2-locularibus introrsis; locellis apice liberis acuminatis, longitudine sulcatis, intus superne rimosis. Germen breviter stipitatum centrale longitudinaliter 4-alatum, 2-ovulatum; stylo subulato, apice minuto stigmatoso. Legumen elongatum 4-alatum..... ? — Frutex inermis; foliis alternis imparipinnatis; foliolis amplis petiolulatis; stipulis lateralibus ovatis; floribus in racemos densos terminales dispositis; bracteis bracteolisque squamiformibus caducis. (*Africa trop. occ.*) — *Vid. p.* 133.

56. **Moldenhauera** Schrad. — Flores 4, 5-meri; receptaculo breviter conico. Sepala hypogyna, valvata. Petala unguiculata subfimbriata, corrugato-imbricata. Stamina hypogyna libera 8 v. 10, quorum 7 v. 9 postica brevia recta; antheris erectis subbasifixis 2-locularibus, introrsum ab apice ad basin plus minus longe rimosis; antico autem multo longiore; filamento incurvo adscendente; anthera fertilis v. cassa glabra v. pilosa. Germen sessile liberum centrale, ∞ -ovulatum; stylo gracili, apice leviter clavato; stigmate truncato ciliolato. « Legumen oblongum plano-compressum coriaceum, 2-valve. Semina transversa ovoidea. » — Arbores inermes; foliis imparipinnatis et 2-pinnatis; foliolis coriaceis, subtus ferrugineis; stipulis parvis caducis; floribus in racemos elongatos v. densos corymbiformes compositos ramosos terminales dispositis; bracteis parvis caducis. (*America trop.*) — *Vid. p.* 133.

57. **Apuleia** Mart. — Flores subregulares; receptaculo breviter obconico v. turbinato, intus discifero. Sepala 3, imbricata. Petala 3, parum dissimilia, leviter imbricata. Stamina 3, rarius 2, postica, perigyna libera; antheris lineari-oblongis basifixis, introrsum 2-rimosis. Germen subcentrale stipitatum, 2-3-ovulatum; stylo crassiusculo, apice truncato v. dilatato stigmatoso. Legumen oblique ovatum v. oblongum plano-compressum coriaceum, 1-2-spermum, 2-valve; sutura placentaria anguste alata. Semina transversa orbiculata v. ovata compressa albuminosa; embryonis foliacei radicula breviter exserta

recta. — Arbores inermes; foliis imparipinnatis; foliolis alternis coriaceis; stipulis parvis v. 0; floribus (nonnunquam polygamis) in cymas
compositas axillares dispositis, plerumque ante foliorum evolutionem
expansis; bracteis parvis caducis, bracteolis 0. (*America trop.*) —
Vid. p. 134.

58. **Distemonanthus** BENTH. — Flores (*Apuleiæ*) 5-meri; sepalis 5,
imbricatis; petalis 3, posterioribus, imbricatis. Stamina alternipetala 2,
fertilia posteriora (*Apuleiæ*); antheris basi 4-locellatis, apice rimis
2 brevibus poriformibus dehiscentibus. Staminodia 3, posteriora, petalis
opposita, ananthera. Germen (*Apuleiæ*) pauciovulatum; stigmate terminali obliquo. Fructus...? — Arbor inermis; foliis alternis imparі-
pinnatis; stipulis caducissimis; floribus in cymas compositas axillares
dispositis; foliis post anthesin evolutis. (*Africa trop. occ.*)—*Vid. p.* 135.

59. **Dialium** L. — Flores (*Apuleiæ*); receptaculo æquali v. inæquali-
cupuliformi, postice attenuato v. subrostrato, intus discifero. Sepala
perigyna 5, raro 4, imbricata. Petalum 1 (« v. 2 »), posticum vexillare
minutum (*Codarium*), sæpius deficiens. Stamina 2, lateralia, rarius 3,
lateralia, libera; antheris subbasifixis introrsis, 2-rimosis. Germen subcentrale v. excentricum breviter stipitatum liberum, 2-ovulatum; stylo
subulato, apice minuto stigmatoso. Fructus globosus v. ovoideus, nunc
compressiusculus, subbaccatus, extus glaber v. velutinus, intus pulposus.
Semen 1 (rarius 2), compressiusculum; embryonis (virescentis) albuminosi cotyledonibus carnosis v. foliaceis nunc plicatis; radicula brevi
recta. — Arbores inermes; foliis alternis imparipinnatis; foliolis sæpius
alternis coriaceis; stipulis parvis v. 0; floribus in racemos compositos
cymiferos valde ramosos terminales v. axillares dispositis; bracteis et
bracteolis parvis squamiformibus caducis. (*Orbis totius reg. trop.*) —
Vid. p. 136.

60. **Ceratonia** L. — Flores polygamo-diœci; receptaculo brevi late
depresseque turbinato, intus disco crasso glanduloso orbiculato subpilei-
formi vestito. Sepala 5, brevissima, in alabastro juvenili imbricata,
demum libera v. vix conspicua. Petala 0. Stamina 5, calycis foliolis
opposita, sub disco inserta; filamentis liberis filiformibus; antheris
2-locularibus introrsis versatilibus, 2-rimosis. Germen centrale, in flore
masculo sterile breviter conicum effœtum; in flore fœmineo v. hermaphrodito breviter stipitatum, ∞-ovulatum; stylo brevi, apice peltato

stigmatoso. Fructus elongatus compressus crasso-coriaceus ; suturis utrinque incrassatis ; indehiscens ; epicarpio endocarpioque glabris ; mesocarpio subcarnoso pulposo inter semina in septa crassa producto. Semina ∞ , transversa obovata compressa ; testa dura glabra ; albumine copioso corneo ; embryonis (virescentis) cotyledonibus planis ; radicula recta breviter exserta. — Arbor inermis sempervirens ; foliis alternis paripinnatis ; foliolis paucijugis coriaceis ; stipulis parvis lateralibus ; floribus in racemos breves solitarios v. fasciculatos secus lignum ramorum annotinorum dispositis ; bracteis bracteolisque minutis squamiformibus caducis. (*Reg. mediterr.*) — *Vid. p.* 137.

VII. COPAIFEREÆ.

61. **Copaifera** L. — Flores parvi subregulares ; receptaculo minuto convexo v. vix dilatato. Sepala 4 ; summo latiore ; v. rarius 5 ; præfloratione valde imbricata ; marginibus attenuatis ; v. vix imbricata ; marginibus oblique sectis ; rarius valvata. Corolla 0. Stamina 8-10, libera subhypogyna v. leviter perigyna, quorum alternisepala 4, 5, paulo breviora ; filamentis glabris in alabastro inflexis ; antheris 4-formibus introrsis, 2-locularibus, 2-rimosis versatilibus. Germen centrale liberum, sessile v. breviter stipitatum, 2-ovulatum ; stylo gracili ; stigmate terminali truncato v. parce capitato. Legumen stipitatum v. subsessile, oblique ellipticum v. falcato-ovatum obovatumve, compressum v. turgidulum, nonnunquam subdrupaceum, demum coriaceum, 2-valve. Semen 1, descendens ; funiculo circa hilum in arillum carnosum semen totum involventem, v. sæpius incomplete cupuliformem v. sacciformem, rarius deficientem (*Gorskia*) dilatato. Embryonis exalbuminosi cotyledones crassi carnosi, basi circa radiculam brevem rectam inclusam 2-auriculati, raro insigniter corrugati. — Arbor inermis ; foliis alternis paripinnatis ; foliolis 1-∞-jugis coriaceis obliquis penninerviis v. ∞-nerviis ; stipulis parvis ; floribus in racemos v. sæpius spicas simplices v. compositas valde ramosas terminales axillaresque dispositis ; bracteis et bracteolis parvis squamiformibus caducis, v. rarius majoribus (*Guibourtia*) et circa flores persistentibus. (*America* , *Africa trop.*) — *Vid. p.* 140.

62. **Detarium** J. — Flores *Copaiferæ ;* sepalis 4, subhypogynis, valvatis v. vix imbricatis. Stamina 10, hypogyna, libera. Germen centrale

sessile, 2-ovulatum; stylo revoluto, apice capitato stigmatoso. Fructus
sessilis drupaceus orbiculatus crasso-compressus; sarcocarpio fibris
ramosis intertexto; endocarpio crasso durissimo, extus rugoso. Semen
compressum exalbuminosum. — Arbores inermes; foliis paripinnatis;
foliolis paucis sæpius alternis; stipulis minutis v. 0; floribus in spicas
compositas ramosas axillares v. in ramos annotinos laterales dispositis;
bracteis bracteolisque parvis squamiformibus caducis. (*Africa trop. occ.*)
— *Vid. p.* 143.

63. **Hardwickia** Roxb. — Flores *Copaiferæ ;* sepalis 5, valde imbricatis. Stamina 10, subhypogyna, libera, aut fertilia omnia, aut 1-3 superiora sterilia. Germen 2-ovulatum; stylo gracili, apice late peltato
stigmatoso v. subulato; stigmate minuto. Fructus plano-compressus,
apice tantum 2-valve. Semen 1, compressum; testa tenui; embryone
exalbuminoso carnoso. — Arbores inermes; foliis paripinnatis; foliolis
coriaceis, 1-3-jugis; floribus parvis in racemos graciles valde ramosos
dispositis; bracteis et bracteolis squamiformibus. (*Africa, Asia trop.*) —
Vid. p. 143.

64. **Prioria** Griseb. — Flores *Hardwickiæ ;* sepalis 5, arcte imbricatis.
Stamina 10, libera, perigyna; antheris introrsis versatilibus; connectivo
apiculato. Germen centrale breviter stipitatum, 2-ovulatum; stylo subulato,
apice minuto stigmatoso. Fructus oblique obovato-orbiculatus plano-
compressus coriaceo-lignosus, 2-valve. Semen 1, magnum planum;
embryonis exalbuminosi cotyledonibus cohærentibus; radicula brevi
crassa. — Arbor inermis; foliis paripinnatis; foliolis coriaceis 1,
2-jugis; stipulis squamiformibus; floribus minutis in spicas valde
ramosas terminales dispositis; bracteis minutis; bracteolis lateralibus
in cupulam 2-lobam calyce paulo breviorem connatis. (*America centr. et
Antill.*) — *Vid. p.* 144.

65. **Cynometra** L. — Flores (*Hardwickiæ*) 4, 5-meri; calyce imbricato. Petala 4, 5, alterna subæqualia v. infima 3 minora, imbricata. Stamina 10- ∞ , libera. Germen centrale, 2-ovulatum; stylo apice truncato
v. dilatato stigmatoso. Fructus crassus turgidus v. compressus, extus
sæpius rugosus v. verrucosus, rectus v. sæpius arcuatus, 2-valvis.
Semen exalbuminosum; hilo ventrali. — Arbores v. frutices inermes;
foliis paripinnatis; foliolis obliquis insymmetricis coriaceis, 1 v. paucijugis;
floribus in racemos sæpe breves v. umbelliformes axillares v. in ligno
caulis ramorumve laterales dispositis; bracteis racemi superioribus

parvis, inferioribus sæpe multo majoribus, imbricatis ; bracteolis 0
v. membranaceis coloratis. (*Orbis totius reg. trop.*) — *Vid. p.* 145.

66. **Pterogyne** Tul. — Flores *Cynometræ ;* perianthio vix perigyno.
Stamina 10, libera. Germen breviter stipitatum, ad latus superius alatum, 1-ovulatum ; stylo brevi, apice truncato stigmatoso. Fructus
plano-compressus samaroideus, indehiscens ; ala tenui rigida oblongo-
falcata venosa. Semen descendens ; embryonis exalbuminosi radicula
recta exserta. — Arbor inermis ; foliis paripinnatis ; stipulis minutis ;
floribus minimis in racemos breves axillares amentiformes dispositis ;
bracteis squamiformibus in inflorescentiis junioribus valde imbricatis,
demum deciduis. (*Brasilia merid.*) — *Vid. p.* 146.

67. **Sindora** Miq. — Flores *Copaiferæ ;* sepalis 4 ; summo latiore ;
marginibus oblique sectis anguste imbricatis v. subvalvatis. Petalum 1,
summum vexillare, sessile complicatum. Stamina 10, sub-1-adelpha
v. 2-adelpha (9-1). Antheræ introrsæ 2-loculares, longitudine rimosæ,
in staminibus 2 cum vexillo alternantibus longioribus majores fertiles ;
in cæteris 8 minores, nonnunquam steriles v. rarius « omnino deficien-
tes ». Germen breviter stipitatum, 2-ovulatum ; stylo gracili ; stigmate
parvo terminali. Fructus breviter stipitatus suborbiculatus v. ovatus
compressus, extus aculeatus, 2-valvis. Semen 1, descendens ; funiculo ad
hilum in arillum dilatato ; embryone exalbuminoso carnoso. — Arbores
inermes ; foliis paripinnatis ; foliolis paucis coriaceis ; stipulis minutis
v. 0 ; bracteis et bracteolis squamiformibus caducis. (*Asia trop.*) —
Vid. p. 146.

68. **Cryptosepalum** Benth. — « Calycis tubus discifer brevissimus ;
segmenta 4, minuta squamiformia. Petalum 1, sessile orbiculatum.
Stamina 3 ; filamentis brevibus ; antheris oblongis ; loculis longitudinaliter dehiscentibus. Germen breviter stipitatum liberum, 2-ovulatum ;
stylo filiformi ; stigmate terminali truncato. Legumen...? » —Arbuscula
inermis ; foliis paripinnatis ; foliolis 1, 2-jugis coriaceis obliquis, jugi
infimi minoribus ; stipulis minutis ; floribus in racemos breves axillares
dispositis ; bracteis ad basin racemi junioris squamiformibus, imbricatis,
mox deciduis, in racemo minutis caducis ; bracteolis majusculis concavis, valvatis, alabastrum includentibus. (*Africa trop.*)—*Vid. p.* 147.

VIII. DIMORPHANDREÆ.

69. **Dimorphandra** Schott. — Flores regulares; receptaculo brevissimo convexiusculo. Calyx campanulatus, æqualiter 5-lobus v. 5-dentatus. Petala 5, subhypogyna subæqualia, imbricata; summo intimo. Stamina 10, libera, subhypogyna, quorum 5, oppositipetala æqualia, libera; antheris introrsis, 2-locularibus, 2-rimosis; 5 autem alternipetala sterilia, aut filiformia, apice clavellata (*Eudimorphandra, Mora*), aut dilatata crassa carnosa inæquali-obpyramidata, inter se in massam stamina fertilia plus minus obtegentem et per anthesin deciduam cohærentia (*Pocillum*). Germen centrale breviter stipitatum, ∞ - ovulatum; stylo brevissimo v. subnullo; stigmate parvo terminali. Legumen elongatum compressum coriaceo-sublignosum, 2-valve; endocarpio lignoso nonnunquam ab exocarpio solubili, inter semina transverse septato. Semina orbiculata v. elongata; embryonis exalbuminosi radicula brevi recta inclusa. — Arbores inermes; foliis pinnatis v. 2-pinnatis; stipulis minutis v. 0; floribus parvis in racemos v. sæpius spicas simplices v. valde ramosas ad apices ramorum dispositis; bracteis parvis caducis; bracteolis 0. (*America trop.*) — *Vid. p.* 148.

70. **Burkea** Hook. — Receptaculum breviter concavum, intus disciferum. Calyx campanulatus, æquali-5-lobus. Corolla subregularis, imbricata. Stamina 10; filamentis brevibus; antheris 1-formibus, introrsum 2-rimosis; connectivo acumine inflexo glandulifero appendiculato. Germen centrale sessile v. brevissime stipitatum, 2-ovulatum; stylo brevissimo crasso; stigmate terminali concavo. Legumen oblongum plano-compressum subcoriaceum, indehiscens (?). Semina compressa; « funiculo filiformi; integumento exteriore tenui; interiore cartilagineo-carnoso; albumine 0; cotyledonibus planis tenuibus; radicula recta brevi inclusa ». — Arbores frutiscesve inermes; foliis 2-pinnatis; pinnis paucijugis; foliolis coriaceis; stipulis minutis; floribus parvis (polygamis?), interrupte spicatis; spicis elongatis simplicibus v. ramosis; bracteis minutis. (*Africa trop. et austr.*) — *Vid. p.* 149.

71. **Erythrophlœum** Afz. — Receptaculum breviter cupuliforme, intus disciferum. Calyx campanulatus regularis; dentibus 5 brevibus. Petala 5, æqualia, subvalvata v. leviter imbricata. Stamina 10, perigyna, libera, æqualia v. alterna breviora; antheris 1-formibus, 2-rimosis.

Germen stipitatum centrale, ∞ - ovulatum ; stylo brevi ; stigmate terminali obtuso. Legumen oblongum compressum crasso-coriaceum, intus
inter semina pulposum, 2-valve. Semina compressa ; embryonis albuminosi cotyledonibus subfoliaceis ; radicula recta breviter exserta.—
Arbores inermes ; foliis 2-pinnatis ; foliolis coriaceis sæpe alternis ;
floribus parvis in racemos densos valde ramosos ad apices ramorum
dispositis ; bracteis parvis ; bracteolis 0. (*Africa, Australia trop.*) —
Vid. p. 149.

72? **Brandzeia** H. Bn. — Flores regulares ; receptaculo obconico,
intus discifero. Sepala 4, 5, perigyna, imbricata. Petala 5, subæqualia,
longe unguiculata, imbricata. Stamina 10, perigyna ; filamentis liberis
gracilibus in alabastro inflexis, demum longe exsertis ; antheris introrsis
2-rimosis versatilibus ; connectivo glanduloso. Germen centrale stipitatum, ∞ - ovulatum ; stylo gracili involuto, apice vix dilatato stigmatoso.
Legumen stipitatum elongatum plano-compressum inæquali-flexuosum,
hinc et inde gibbosum, coriaceo-lignosum ; suturis subincrassatis, indehiscens (?). Semina ∞ ; integumentis crassis ; albumine copioso ;
embryonis carnosuli (virescentis) cotyledonibus elongatis ; radicula recta
exserta. — Arbor inermis ; foliis alternis 2-pinnatis ; foliolis parvis
numerosis ; stipulis minutis caducis ; floribus parvis in racemos cymiferos valde ramosos terminales v. in ligno ramorum annotinorum laterales dispositis. (*Africa trop. or. insul.*) — *Vid. p.* 151.